Berühmte Berliner Ärzte
und ihre letzten Ruhestätten

Uwe Andreas Ulrich
Matthias David
Andreas D. Ebert

BERÜHMTE BERLINER ÄRZTE

UND IHRE LETZTEN RUHESTÄTTEN

berlin edition im
be.bra verlag

Bibliografische Information der Deutschen Nationalbibliothek
Die Deutsche Nationalbibliothek verzeichnet diese Publikation in der Deutschen Nationalbibliografie; detaillierte bibliografische Daten sind im Internet über http://dnb.d-nb.de abrufbar.

KulturBrauerei Haus 2
Schönhauser Allee 37, 10435 Berlin
post@bebraverlag.de
Lektorat: Nele Robitzky, Berlin
Umschlag: typegerecht berlin
Satz: typegerecht berlin
Schrift: Milo Serif, Univers Next
Druck und Bindung: Finidr, Český Těšín
ISBN 978-3-8148-0252-7

www.bebraverlag.de

INHALT

VORWORT

Viele der alten Berliner Friedhöfe verwandelten sich im Laufe der Zeit zu Parkanlagen, die mit den oft schon verwitterten Grabsteinen und der sie umgebenden, inzwischen nicht selten verwilderten Flora wie verwunschene Gärten anmuten. Manche Namen auf den Grabsteinen sind nur noch zu ahnen – sie blicken auf uns als Zeugen vergangener Epochen. Neben den Namen nehmen wir die Lebensspanne derer wahr, die hier ruhen, und müssen den Gedanken an die eigene Endlichkeit zulassen.

Bei Gängen über alte Berliner Friedhöfe stößt der aufmerksame Arzt auf den einen oder anderen vertrauten Namen: Albrecht von Graefe, Rudolf Virchow, Ferdinand Sauerbruch. Zum Teil stehen wir dabei vor besonders gestalteten Grabmalen oder Mausoleen.

Ärztliche Kolleginnen und Kollegen – aber auch andere Interessierte – mögen bei einem Besuch eines alten Berliner Kirchhofs die hier vorgelegten biografischen Skizzen hilfreich finden. Einige der Porträtierten sind noch immer gegenwärtig. Aber auch an andere, deren Nachruhm von kürzerer Dauer war, auf deren Schultern wir aber gleichwohl stehen, soll erinnert werden. Die Darstellung erfolgte bewusst nicht alphabetisch, sondern nach Friedhöfen sowie Stadtteilen und damit nach Spaziergängen.

Berlin, im Frühjahr 2020

U. A. Ulrich
M. David
A. D. Ebert

Mild und trüb
Ist mir fern
Saum und fahrt
Mein geschick.

Sturm und herbst
Mit dem Tod
Glanz und mai
Mit dem glück.

Was ich tat
Was ich litt
Was ich sann
Was ich bin:

Wie ein brand
Der verraucht
Wie ein sang
Der verklingt.

Stefan George
NACHT-GESANG I
in: Der Teppich des Lebens und
die Lieder von Traum und Tod.
Georg Bondi, Berlin 1923

KIRCHHOF I DER JERUSALEMS-GEMEINDE UND DER NEUEN KIRCHEN-GEMEINDE

Johann Carl Wilhelm Moehsen (1722–1795)

Kirchhof I der Jerusalems-Gemeinde und der Neuen Kirchen-Gemeinde, Abt. 3/1 – Erbb.; links

1722 begann unter Friedrich Wilhelm I., König in Preußen, eine Verwaltungsreform, deren herausragendes Ergebnis die Gründung des »General-Ober-Finanz-Kriegs- und Domänen-Directoriums« war. Die Periode gilt als Geburtsstunde des Beamtentums im jungen Königreich, das sich zu dieser Zeit konsolidierte und zu dem seit zwei Jahren neben den brandenburgischen Kernlanden – der Kur- und der Neumark, Hinterpommern und dem fernen Ostpreußen – nun endgültig auch Stettin, das Land zwischen Oder und Peene und die Inseln Wollin und Usedom mit dem Pommerschen Haff gehörten. Im selben Jahr (1722) wurde Prinz August Wilhelm, der Bruder Friedrich II. und Stammvater der bis zum Ende der Monarchie 1918 noch folgenden preußischen Könige, geboren.

Auch Johann Carl Wilhelm Moehsen erblickte 1722 – am 9. Mai – in Berlin das Licht der Welt. Der Großvater mütterlicherseits, Geheimrat Christoph Horch – selbst Sohn eines Militärchirurgen – war damals Leib- und Hofmedikus des Königs und Mitglied der Leopoldina sowie der Königlichen Akademie der Wissenschaften.[1]

Moehsen studierte Medizin in Jena und Halle. Nach der Promotion zum Doktor der Medizin kehrte er nach Berlin zurück, um die Position des Arztes am legendären Joachimsthalschen Gymnasium anzutreten, die bereits der Großvater innehatte. Moehsen muss sich dort bewährt haben, denn schon mit 25 Jahren berief man den jungen Arzt zum Mitglied des Ober-Medizinalkollegiums und Physikus des Kreises Teltow. 1763 avancierte Moehsen zum Mitglied des Ober-Sanitätskollegiums und 1766 zum Arzt am Kadettencorps und an der Ritterakademie.[2]

Die 1778 erfolgte Ernennung zum Leibarzt Friedrich II. illustriert Moehsens Reputation in der medizinischen Welt seiner Zeit, wenngleich eher andere der zahlreichen Ärzte aus dem Umfeld des Philosophen von Sanssouci in Erinnerung geblieben sind, wie Johann Theodor Eller, Friedrich Hermann Ludwig Muzell, Christian Gottlieb Selle, Johann Georg Ritter von Zimmermann oder Christian Andreas von Cothenius (der wie Moehsen auf dem Kirchhof I der Jerusalems-Gemeinde und der Neuen Kirchen-Gemeinde beigesetzt wurde, dessen Grab aber nicht erhalten ist).

J. C. W. Moehsen diente seinem König 1778–1779 im Bayerischen Erbfolgekrieg – jenem Kabinettskrieg, in dem es glücklicherweise keine nennenswerten Kampfhandlungen gab.[1]

Neben seiner ärztlichen Tätigkeit beschäftigte sich Moehsen intensiv mit der Geschichte der Wissenschaften, vor allem Brandenburg-Preußens. Hierfür betrieb er umfangreiche Recherchen in Münz- und Medaillen-Sammlungen, da man zu jener Zeit berühmten Ärzten und Wissenschaftlern Gedenkmünzen zu widmen pflegte. Moehsen war selbst ein passionierter Sammler solcher Gedächtnismünzen und -medaillen. Seine bemerkenswerte Kollektion, die auch andere Kunstwerke umfasste, fiel nach seinem Tode an die Königlichen Sammlungen.[2] Noch heute sind Moehsens Buchpublikationen wichtige Quellen für Forschungsprojekte zur Wissenschaftsgeschichte Brandenburgs (z. B.: »Beschreibung einer Berlinischen Medaillen-Sammlung, die vorzüglich aus Gedächtnis-Münzen berühmter Aerzte bestehet. In welcher verschiedene Abhandlungen, zur Erklärung der alten und neuen Münzwissenschaft, imgleichen zur Geschichte der Arzneigelahrtheit und der Litteratur eingerücket sind«, 1773 sowie »Geschichte der Wissenschaft in der Mark Brandenburg besonders der Arzneiwissenschaft von den ältesten Zeiten an bis zum Ende des 16. Jahrhunderts etc«, 1781).[4]

Wir erfahren in weiteren Werken einiges über die »Alchymie«, das Münzwesen, lesen Fragmente zu einer Geschichte der Chirurgie, ein Verzeichnis der Dom- und Kollegiatstifter, Mönchs- und Nonnenklöster in der Mark Brandenburg und »merkwürdige Erfahrungen, die den Werth und großen Nutzen der Pockeninoculation näher bestimmen«. Dem Selbstverständnis vieler Ärzte und Wissenschaftler des 18. und 19. Jahrhunderts entsprechend, steht ein vielseitiger Mann vor uns.[4]

J. C. W. Moehsen war Mitglied der Leopoldina, der Königlichen Akademie der Wissenschaften und – wie auch Christian Gottlieb Selle – einer der Initiatoren der 1783 gegründeten Berliner Mittwochsgesellschaft (»Gesellschaft der Freunde der Aufklärung«).

Johann Carl Wilhelm Moehsen

Johann Carl Wilhelm Moehsen starb in seiner Heimatstadt Berlin am 22. September 1795. Das sehenswerte frühklassizistische Grabmal geht auf einen Entwurf von Christian Bernhard Rode zurück, der von 1783 bis 1797 Direktor der Königlichen Akademie der Künste war: In einer als Rundbogen gestalteten Wandgrotte steht ein Steinsarkophag mit der darauf drapierten Göttin Hygieia.[3] Auf der Frontseite des Rundbogens erinnert eine Plakette an die 1864 erfolgte Renovierung des Grabmals; die Inschrift lautet: »MOEHSEN. DES GROSSEN KÖNIGS WÜRDIGER ZEITGENOSSE«.

UAU

Literatur:

1 Engelhardt, D. v. (Hrsg.) Biographische Enzyklopädie deutschsprachiger Mediziner. (Bde.) K. G. Saur, München, 2002.

2 Hirsch, A. Johann Karl Wilhelm Moehsen. In: Allgemeine Deutsche Biographie (ADB). Band 22, Duncker & Humblot, Leipzig, 1885.

3 Landesdenkmalamt Berlin (Hrsg.) Unter jedem Grabstein eine Weltgeschichte. Berliner Grabmale retten. Finckenstein & Sallmuth, Berlin, 2010.

4 Winau, R. Medizin in Berlin. de Gruyter, Berlin/New York, 1987.

KIRCHHOF II DER JERUSALEMS-GEMEINDE UND DER NEUEN KIRCHEN-GEMEINDE

Carl Ferdinand von Graefe (1787–1840)

Kirchhof II der Jerusalems-Gemeinde und der Neuen Kirchen-Gemeinde, 212 – EB – 119, Ehrengrab

Carl Ferdinand Graefe wurde am 8. März 1787 in Warschau geboren. Sein Vater, Carl Gottlieb Graefe (1752–1805), stammte aus einer sächsischen Familie und war Intendant (Gutsverwalter) auf den in der Nähe von Warschau gelegenen Besitzungen des Großmarschalls der polnischen Krone, Graf Friedrich Joseph Mosczinski.[2]

Carl Ferdinand ließ frühzeitig eine Begabung für die Naturwissenschaften erkennen. Nach dem Gymnasium in Bautzen und Dresden begann er das Studium der Medizin in Halle an der Saale, wo er von dem romantischen Mediziner und Wegbereiter der späteren Psychosomatik Johann Christian Reil (1759–1813) beeinflusst wurde. Bereits ein Jahr später wechselte er nach Leipzig. Dort legte er 1807 das Examen ab und wurde mit 20 Jahren Doktor der Medizin und Chirurgie. Schon im selben Jahr hätte er seinem ersten Ruf folgen können: auf die Professur für Chirurgie und Medizin an der eben gegründeten Universität von Krzemieniec (Kremenez) im polnischen Wolhynien (heute Ukraine). Aber um den jungen Doktor warben noch weitere: Graf Moszynski hätte ihn gern zurück als Leibarzt; letztlich vermittelte Reil ihm die Stelle eines solchen am Hof des Herzogs Alexius von Anhalt-Bernburg. Der auch für damalige Verhältnisse in dieser Position unerhört junge Mann gelangte so an den Hof in Ballenstedt und konnte dort rasch als Arzt und Organisator gleichermaßen reüssieren: Er baute ein Krankenhaus und war an den medizinischen Voraussetzungen für die 1810 erfolgte Gründung des für seine Eisenquelle bekannten Kurorts »Alexisbad« im Selketal beteiligt.[2]

1810 erreichte ihn Wilhelm v. Humboldts Ruf auf den Lehrstuhl für Chirurgie und Augenheilkunde an der eben gegründeten Berliner Universität. Mit Graefe beginnt die legendäre Reihe der Direktoren in der

Ziegelstraße. Unter ihm fand das Königlich-chirurgische Klinikum nach einer längeren Wanderzeit eben dort 1820 seine Heimstätte.[3]

1813, in den Befreiungskriegen, avancierte Graefe zum Divisions- und Generalchirurgen, wobei ihm als Inspekteur zunächst alle Militärlazarette zwischen Weichsel und Elbe unterstanden, später erweiterte sich sein Verantwortungsbereich bis zur Weser. Im Feld soll sich Graefe furchtlos gezeigt haben. Neben militärmedizinischen Aufgaben kümmerte er sich bei Epidemien um die Zivilbevölkerung. Nach kurzer Zeit ohne Kriegshandlungen übernahm Graefe 1815 erneut die Organisation des Lazarettwesens auf den Schauplätzen zwischen Rhein und Weser, in Holland und Belgien. Nach dem Sieg über Napoleon konnte er sich auf die Aufgaben am Berliner Universitätsklinikum konzentrieren – nun als Geheimrat mit nur 28 Jahren. Daneben bekleidete er öffentliche Ämter: in der »Oberexaminationskommission« für die medizinischen Staatsprüfungen und in der wissenschaftlichen Deputation im Ministerium der »geistlichen, Medicinal- und Unterrichtsangelegenheiten«. 1822 erfolgte die Ernennung des kriegserfahrenen Chirurgen zum 3. Generalstabsarzt der preußischen Armee. In Würdigung seiner Verdienste während der Befreiungskriege wurde er von Kaiser Nikolaus I. von Russland auf Ersuchen der polnischen Provinzen nobilitiert.[2]

Mit seiner Frau Auguste (geb. von Alten) hatte C. F. Graefe fünf Kinder: Ottilie, Karl, Viktor, Albrecht und Wanda. Ottilie, die Älteste, besaß eine beachtliche zeichnerische Begabung, die sich nicht zuletzt in Porträtzeichnungen von Familienmitgliedern zeigte. Karl avancierte zum königlich-preußischen Regierungsrat. Viktor brach die Schule vorzeitig ab, machte Karriere als Handelskapitän und Reeder. Fontane erwähnt ihn im Band »Spreeland« seiner Wanderungen durch die Mark Brandenburg. Viktors Hamburger Wohnhaus an der Alsterchaussee aus dem Jahre 1829 steht noch und beherbergt heute das »Theater im Zimmer«, ein privates Veranstaltungshaus. Albrecht wurde der Begründer der modernen Augenheilkunde und wird im folgenden Porträt vorgestellt. Die jüngste Tochter Wanda war wie ihre Schwester künstlerisch begabt, malte und schriftstellerte.[2]

Nachdem der wohlhabende Ordinarius ein ca. zwölf Morgen großes Grundstück im Tiergarten erworben hatte, ließ er sich 1824 darauf von Schinkel ein Sommerhaus errichten, den umgebenden Park gestaltete Lenné. Die klassizistische Villa trug den Namen »Finkenherd« nach

dem Vogelherd aus kurfürstlicher Zeit, der sich an dieser Stelle im Tiergarten befand. »Die Graefes führten ein großes Haus. Das ›tout Berlin‹ ging bei ihnen ein und aus ...«, schrieb die Urenkelin.[2] Eine Gästeliste aus diesen Jahren enthielte wohl alle großen Namen Berlins – eine Liste von Graefes Patienten ebenso. Die Villa wurde 1943 durch ein Bombardement zerstört.

Carl Ferdinand von Graefe war ein brillanter Kliniker und zugleich ein umsichtiger Organisator. Zu seiner Zeit bestimmte er die Chirurgie und Augenheilkunde in Berlin gleichermaßen. Besondere Verdienste erwarb er sich um die Darstellung der ägyptischen Augenkrankheit, die Kataraktoperation, die Uranoplastik zur Heilung der angeborenen Gaumenspalten, die Unterkieferresektion und die Rhinoplastik. Er verbesserte die operativen Techniken bei Amputationen und bediente sich als einer der ersten Ärzte der selektiven Unterbindung von Gefäßen. Im Vergleich zu anderen akademisch tätigen Ärzten seiner Zeit hat Graefe gleichwohl eher wenig publiziert; er schrieb ein »Encyclopädisches Dictionair der medicinischen Wissenschaften« und rief ein erstes Periodikum für Chirurgie und Ophthalmologie ins Leben.[4] Als eine von Graefe operierte Frau ihre frische Kaiserschnittnarbe auf dessen Aufforderung hin vor einem Ärztegremium zeigen soll, ist sein Zeitgenosse und Kollege Ernst Ludwig Heim peinlich berührt: »Auch bei dieser Gelegenheit hat sich Graefen als einer der ausgezeichnetsten Charletan [sic] aufs neue bekannt gemacht.«[1]

1840 ereilte Graefe die dringende Bitte des Hannoverschen Königshauses, sich des erblindeten Kronprinzen Georg (des späteren letzten Königs von Hannover) anzunehmen. Doch noch bevor er sich an den Königshof begeben konnte, erlag er am 4. Juli 1840 in Hannover einem »Gehirn- und Nervenfieber«.[2]

Die wie ein Tempel gestaltete, klassizistische Grabstätte wird dem Schinkel-Schüler Johann Heinrich Strack zugeschrieben. Die Büsten von Carl Ferdinand und Auguste von Graefe sind Kopien nach Originalen des berühmten Bildhauers Friedrich Drake. *UAU*

Literatur:

1 Heim, E. L. Tagbücher und Erinnerungen, hrsg. von W. Körner. Koehler & Amelang, Leipzig, 1989.

2 Heynold von Graefe, B. Albrecht von Graefe. Mensch und Umwelt. Stapp Verlag, Berlin, 1990.

3 Katner, W. Graefe, Karl von. In: Neue Deutsche Biographie 6 (1964), S. 711 (Online-Version); URL: https://www.deutsche-biographie.de/pnd116809299.html#ndbcontent, letzter Zugriff: 02.06.2019.

4 Killian, H. Meister der Chirurgie und die chirurgischen Schulen im gesamten deutschen Sprachraum. 2. Aufl., Georg Thieme, Stuttgart, 1980.

Albrecht von Graefe (1828–1870)

Kirchhof II der Jerusalems-Gemeinde und der Neuen Kirchen-Gemeinde, 211 – EB – 69, links, Ehrengrab

Für seine Patienten war Albrecht von Graefe geradezu eine Heilsgestalt; für die Zeitgenossen übereinstimmend ein Ausnahmearzt. »Eine enge Beziehung hatte mein Vater zu Albrecht von Graefe, dem größten Augenarzt aller Zeiten [...] Er sah in ihm, der sein Lehrer und Freund war, eine Art Christus ...«, schrieb Carl Ludwig Schleich in seinen Erinnerungen.[4] Bereits zu Lebzeiten war Albrecht von Graefe in Europa eine Legende.

Friedrich Wilhelm Ernst Albrecht von Graefe kam am 22. Mai 1828 in Berlin als Sohn des Direktors der Chirurgischen Universitätsklinik in der Ziegelstraße, Carl Ferdinand v. Graefe, der im vorherigen Porträt behandelt wurde, in der Villa »Finkenherd« im Tiergarten auf die Welt. König Friedrich-Wilhelm III. war Taufpate, auch wenn ihn, was nicht unüblich war, sein Sohn Prinz Albrecht vertrat. Mit zwölf Jahren verlor Albrecht Graefe den berühmten Vater, wuchs gleichwohl aber behütet und privilegiert mit vier Geschwistern auf. Die Schulzeit habe er »nahezu spielend hinter sich« gebracht. Schon als Schüler auf dem Französischen Gymnasium fiel er durch seine mathematisch-naturwissenschaftliche Begabung auf, so dass er in Mathematik »im Interesse der Mitschüler vom Unterricht dispensiert werden musste ...«; das Französische habe er wie eine zweite Muttersprache beherrscht.[1]

1843 begann der Fünfzehnjährige an der noch jungen Alma mater seiner Vaterstadt mit dem Studium der Medizin. Hier beeinflussten ihn Koryphäen wie Johannes Müller, Moritz Heinrich Romberg, Ludwig Traube, Johannes Ludwig Schoenlein, Johann Friedrich Dieffenbach und Rudolf Virchow. Daneben belegte er auch philosophische Vorlesungen. Mit nur 19 Jahren wurde Graefe 1847 zum Dr. med. promoviert; die Dissertationsschrift »De Bromo ejusque Praecipuis Praeparatis« ist eine der letzten an der Friedrich-Wilhelms-Universität, die noch auf Latein geschrieben wurde.[3]

Nach dem Studium begab sich Graefe – wie damals üblich – auf eine akademische Bildungsreise, die ihn zunächst nach Prag zu Ferdinand

Arlt führte, damals einer der führenden Augenärzte im deutschsprachigen Raum. Anschließend, Ende 1848, ging Graefe nach Paris, wo Louis Auguste Desmarres den jungen Arzt mit seiner »taschenspielerischen« manuellen Fertigkeit bei ophthalmologischen Operationen beeindruckte; bei Desmarres erlange man »... eine Frechheit [...] mit dem Auge umzugehen, wie wohl an keinem zweiten Ort ...«.[1]

Die Tour führte 1850 weiter nach Wien und London. In Wien, wo Graefe die Bekanntschaft von Friedrich und Eduard Jäger von Jaxtthal (Vater und Sohn) machte, erfuhr er von Helmholtz' Augenspiegel. Eduard v. Jäger und Graefe hatten gleichermaßen die überragende Bedeutung dieses neuen Instruments für die Augenheilkunde erkannt und seine Anwendung systematisiert. Der weitere Weg Graefes ist ohne den Augenspiegel von Helmholtz nicht zu denken. Nach Berlin zurückgekehrt gründete Graefe 1851 eine Augenklinik. 1852 erfolgte die Habilitation mit der Schrift »Über die Wirkung der Augenmuskeln«. 1854 begründete er das »Archiv für Ophthalmologie« (ab 1871 »Graefes Archiv«), das über lange Zeit die führende Fachzeitschrift für dieses Gebiet war. Drei Jahre später gehörte er in Heidelberg zu den Gründern der Ophthalmologischen Gesellschaft. Graefe beschäftigte sich praktisch mit allen Aspekten seines Fachs: mit Amblyopien, dem Zusammenhang zwischen zentralen Erkrankungen (z. B. Hirntumoren) und Sehstörungen, der plötzlichen Erblindung auf dem Boden einer Embolie der A. centralis, dem grauen und grünen Star und nicht zuletzt der operativen Behandlung des letzteren durch Iridektomie.[2]

1857 erfolgte die Ernennung zum Extraordinarius, 1866 zum ordentlichen Professor und zwei Jahre danach jene zum Direktor der ophthalmologischen Abteilung der Charité, was der mächtige Johann Christian Jüngken, Direktor der Chirurgischen Klinik der Charité und dort auch Vertreter der Augenheilkunde, zunächst zu verhindern suchte. Der Ruf Graefes als ophthalmologischer Operateur – verbreitet über die Medien der Zeit – war ohnegleichen. Patienten und Ärzte gleichermaßen kamen aus der ganzen Welt nach Berlin, um sich von Graefe behandeln zu lassen bzw. von ihm zu lernen. Umgekehrt führten ihn Reisen quer durch Deutschland und in viele europäische Länder, wo er Patienten, die sich dafür in Hotels einquartiert hatten, operierte. Der Schweizer Ort Heiden wurde durch Graefe, der dort selbst durch Gebirgsluft und Molkenkuren Genesung von seiner chronischen Lungenerkrankung suchte, berühmt.[1]

Albrecht von Graefe

Albrecht von Graefe erlitt das Schicksal vieler Menschen seiner Zeit: Er erkrankte an Tuberkulose und erlag letztlich der daraus resultierenden chronischen Pleuritis mit nur 42 Jahren. Zeitgenossen schildern ihn als einen unabhängigen, lauteren Charakter, der sich vor niemandem gebeugt habe.

Der angesehene, bereits von der Krankheit gezeichnete Arzt verliebte sich 1860 in seine 18-jährige Patientin Gräfin Anna Pauline Adelaide Knuth. Die Hochzeit fand am 7. Juni 1862 in der von Ludwig Persius erbauten Heilandskirche in Sacrow bei Potsdam statt. Beide verband eine innige Beziehung, bald füllten fünf Kinder, von denen drei das Erwachsenenalter erreichten, das Haus. Zwei Töchter heirateten jeweils Offiziere aus pommerschen Familien: Anna, verh. von Bonin und Olga, verh. von Mitzlaff. Der Sohn Albrecht wurde Politiker und ehelichte die Freiin Sophie von Blomberg; deren Tochter Blida Heynold von Graefe hat sich später als Schriftstellerin und Journalistin mit dem berühmten Großvater beschäftigt.[1]

Albrecht von Graefe starb in den frühen Morgenstunden des 20. Juli 1870 – einen Tag nachdem Frankreich Preußen den Krieg erklärt hatte. Seine Frau Anna folgte ihm keine zwei Jahre später. Die unmündigen Kinder fanden bei Albrechts Schwester Ottilie Aufnahme. Das gemeinsame Grabmal der Graefes schmückt ein Tondo von der Hand des Rauch-Schülers Bernhard Afinger; auf der Rückseite stehen die biblischen Verse »Liebe ist stark wie der Tod« (Hohelied 8,6) und »Es ist das Licht süße und den Augen lieblich die Sonne zu sehen« (Prediger 11,7). *UAU*

Literatur:

1 Heynold von Graefe, B. Albrecht von Graefe. Mensch und Umwelt. Stapp Verlag, Berlin, 1990.
2 Killian, H. Meister der Chirurgie und die chirurgischen Schulen im gesamten deutschen Sprachraum. 2. Aufl., Georg Thieme, Stuttgart, 1980.
3 Pagel, J. Biographisches Lexikon hervorragender Ärzte des neunzehnten Jahrhunderts. Urban & Schwarzenberg, Berlin, 1901.
4 Schleich, C. L. Besonnte Vergangenheit. Ernst Rowohlt, Berlin, 1922.

Ernst Ludwig Heim (1747–1834)

Kirchhof II der Jerusalems-Gemeinde und der Neuen Kirchen-Gemeinde, Abt. 3/1 Erbb., Ehrengrab

Für die Berliner war er »Doktor Heim« – und später: »Vater Heim«. Seine Patienten kamen aus allen Schichten: Tagelöhner, Marktfrauen, Fischer, Handwerker, Kaufleute, Aristokraten, Offiziere, Künstler, Minister und Mitglieder des preußischen Königshauses. Vielleicht darf er als Sinnbild des Hausarztes schlechthin gelten. Der alte Blücher bezeichnete ihn als den »Feldmarschall unter den Doktoren«.[1]

Ernst Ludwig Heim wurde am 22. Juli 1747 als Sohn eines Pfarrers und einer Pfarrerstochter in Solz (heute Ortsteil von Ripperhausen) im fränkisch geprägten Teil Thüringens – des damaligen Herzogtums Sachsen-Meiningen – geboren. Ernst Ludwigs Herzenswunsch, Medizin zu studieren, habe der Vater mit den Worten: »... zu einem Quacksalber schickst Du Dich am besten ...« kommentiert.[1] Nach dem Gymnasium in der Residenzstadt Meiningen schrieb sich Heim 1766 in Halle/Saale als stud. med. ein.

1773 ging Heim mit seinem Freund und Kommilitonen Friedrich Wilhelm Daniel Muzell, Sohn eines Leibarztes Friedrichs des Großen, auf eine Bildungsreise, die sie beinahe durch ganz Deutschland, nach Maastricht, Leiden, London, Paris, Metz und Straßburg führte, wo Heim in einem Husarenstück auf die Turmspitze des Münsters kletterte und oben ein »... weises SchnupfTuch [...] schwänkte [sic]«.[1] Die Szene wurde nicht nur schriftlich von ihm in seinen Erinnerungen überliefert, sondern auch bildlich durch Karl Friedrich Schinkel, der viele Jahre später im bereits vollendeten Bild des Straßburger Münsters von Elisabeth Lautier die Figur Heims auf der Münsterspitze ergänzte. Vor der Reise, 1772, musste Heim noch »eilen, die Doktorwürde anzunehmen«, und »schrieb nur flüchtig eine ganz unbedeutende Dissertation ...«.[1]

Der Tod des Freundes Muzell 1778 mit nur 28 Jahren hat für Heim eine Lücke hinterlassen, die sich nie mehr schließen sollte. Noch Jahrzehnte später wird er diese tiefe, ungetrübte Freundschaft erwähnen.

Mit 29 Jahren wurde Heim vom Magistrat der Stadt Berlin zum Landphysikus im Havelländischen Kreis berufen. Er blieb sieben Jahre in dieser Stellung und versorgte Patienten von Potsdam bis Oranienburg, wurde aber auch nach Berlin gerufen. Er zog sich »... Achtung und Liebe bei allen zu«, was er glaubte besonders daran festmachen zu dürfen, dass man ihm bereits zu Lebzeiten zusicherte, sich nach dem Tode von ihm obduzieren zu lassen.[1]

1780 heiratete Heim die 15-jährige Henriette Charlotte Maecker; das Paar hatte acht Kinder, von denen sechs das Erwachsenenalter erreichten. 1783 ließ er sich in Berlin in der Nähe des Gendarmenmarktes nieder. Jeden Tag hielt er in seiner Wohnung das sog. »Morgenklinikum« ab – eine Sprechstunde, die jedem offenstand und insbesondere von Armen genutzt wurde, die sich weder das Arzthonorar noch die Kosten für Arzneimittel leisten konnten. Heim behandelte sie gratis und übernahm auch die Bezahlung der Medikamente; es war wohl letztlich diese aus tiefem Mitgefühl für seinen Nächsten geborene Haltung, die ihn zu dem populären und beliebten Arzt werden ließ, als den ihn die Berliner noch lange in dankbarer Erinnerung behielten. »Der beliebteste Arzt im Biedermeierberlin war der Thüringer Ernst Ludwig Heim«, resümierte Paul Weiglin in seiner Zeitreise durch jene Epoche.[3] Heims Tagesablauf ist kaum zu glauben und war wohl nur zu bewältigen, weil er nie länger als vier bis fünf Stunden schlief: Aufstehen um fünf Uhr, »Morgenklinikum« von sechs bis acht – manchmal auch neun – Uhr, dann zahlreiche Hausbesuche – »... die höchste Zahl ist 83 gewesen ...« – und weitere Termine. Oft wurde er zum Mittagessen eingeladen, wobei Speisen und anwesende Tischgenossen sowie Bemerkungen über sie im Tagebuch festgehalten wurden. Eher selten kam er zu wissenschaftlicher Lektüre und seiner großen Leidenschaft: der Botanik. Heim galt zu seiner Zeit als ein Kenner von Moosen, sie waren nach Aussage seines Schwiegersohnes Georg Wilhelm Kessler »seine Lebenswürze«. Seine private Moos-Sammlung war weithin berühmt.[2]

Heim führte seit 1771 Tagebuch. In den Einträgen fehlt kaum ein Name der Berliner Gesellschaft seiner Zeit: Friedrich Wilhelm II. und Wilhelmine Enke (die spätere Gräfin Lichtenau), Friedrich Wilhelm III. und Königin Luise, Hardenberg, Stein, Blücher, Schinkel, beide Schadows, beide Humboldts: Er kannte sie alle – und war ihr Arzt. Wir erfahren auch einiges über seine Berliner Kollegen. Es gereicht ihm zur

Ehre, dass er deren Leistungen würdigt – ein Zug, der Ärzten nicht oft zu eigen ist. Er hat daneben mit seinen chirurgischen Kollegen eng und vertrauensvoll zusammengearbeitet, was damals noch keine Selbstverständlichkeit war. Gelegentlich finden sich aber auch ironische und abschätzige Bemerkungen über Kollegen, z. B. über Carl Ferdinand von Graefe oder Christoph Wilhelm Hufeland. Heim hatte Königin Luise in ihren letzten Lebenstagen betreut. Der König – Friedrich Wilhelm III. – bewahrte ihm seitdem eine große Zuneigung.[2]

Ernst Ludwig Heim starb am 15. September 1834; sein Begräbnis war ein Ereignis in Berlin. Als außergewöhnliche Geste der Wertschätzung und Verehrung wurde der Sarg von ärztlichen Kollegen getragen: »Von der Stelle, wo er sanft entschlief [...] hoben die jüngeren Ärzte der Stadt, treue Schüler des abgerufenen alten Meisters, den Sarg hinweg und trugen ihn feierlich zum Wagen. Viele Tausende der Einwohner Berlins bildeten stille Reihen von dem Sterbehause bis zum Friedhofe vor dem halleschen Thore ...«, lesen wir im Bericht der Allgemeinen Preußischen Staatszeitung.[2]

Heim hatte bereits lange vor seinem Tod eine Grabschrift für sich verfasst, sie später verändert, dann wohl verworfen, und so findet sie sich nicht auf seinem Stein.[2] Dieser Selbstbeschreibung hätten die Zeitgenossen zugestimmt:

»Hier begrub man den Leichnam des Arztes
Ernst Ludwig Heim

Immer zufriedenen Gemüths, bescheiden froh im Glük, nie verzagt im Unglük, unverdroßen thätig für seiner Mit-Geschöpfe Wohl, starb mit der Zuversicht, daß die Erfüllung heiliger Pflichten ihn noch in einer Welt jenseits des Grabes kein unglückliches Los bereiten wird. Selbst wenn die Natur (wiewohl ganz gegen seinen festen Glauben) nur einen Gang mit den Menschen gehen sollte, fand er schon das einmalige Daseyn, deßen die Gottheit ihn würdigte, des höchsten Dankes werth. Verehrung ihm, der uns schuf und sterben heißt!

wurde geboren zu Solz einem Dorf im Sachsen Meiningschen,
den 22. Julius 1747 und starb – ...«[1]

UAU

Literatur:

1 Heim, E. L. Tagbücher und Erinnerungen, hrsg. von W. Körner. Koehler & Amelang, Leipzig, 1989.

2 Kessler, G. W. (Hrsg.) Leben des königl. preußischen Geheimen Rathes und Doctors der Arzneiwissenschaft Ernst Ludwig Heim. Aus hinterlassenen Briefen und Tagebüchern. (2 Bde.) F. A. Brockhaus, Leipzig, 1835.

3 Weiglin, P. Berliner Biedermeier. Leben, Kunst und Kultur in Alt-Berlin 1815–1848. Velhagen & Klasing, Bielefeld/Leipzig, 1942.

Bernhard Naunyn (1839–1925)

Kirchhof II der Jerusalems-Gemeinde und der Neuen Kirchen-Gemeinde, Feld Abt. 3, G3, Ehrengrab

Bernhard Naunyn wurde am 2. September 1839 in Berlin geboren. Sein Vater war Franz Christian Naunyn (1799–1860), der seit 1844 Bürgermeister *in* und von 1848 bis 1850 amtierender Oberbürgermeister von Berlin war und nach dem noch heute die Naunynstrasse in Berlin-Kreuzberg benannt ist.[1] Bernhard Naunyn ging zunächst auf das Werdersche Gymnaium und studierte nach dem Abitur ab 1858 an der Rheinischen Friedrich-Wilhelms-Universität in Bonn auf Wunsch des Vaters Jura, wechselte dann aber an die Berliner Friedrich-Wilhelms-Universität und zur Medizin, belegte aber auch Vorlesungen in Physik und Chemie. Der Wechsel nach Berlin war nicht ganz freiwillig. Rückblickend schrieb Naunyn: »Von Talenten oder auch nur Neigung zu bestimmter Tätigkeit brachte ich wenig mit [...] unser Leben und Treiben entbehrte jeden Inhaltes: Fechtboden, Frühschoppen, Mittagstisch, Kaffeeskat, Spaziergang, Abendkneipe – dazu alle Wochen einmal Mensur und ›Konvent‹; so war die Zeit ausgefüllt [...]. Ich machte alles mit, trank und vertrug merkwürdigerweise so viel wie einer und stieg fünfmal in den drei Monaten des Sommersemesters auf Mensur [...]. Ich war zufrieden, als mich der Vater zum Wintersemester heimbeorderte.«[1] Zu seinen ersten akademischen Lehrern in Berlin gehörten der Chemiker Eilhard Mitscherlich (1794–1863), der Physiker Heinrich Wilhelm Dove (1803–1879) und der Anatom Karl Bogislaus Reichert (1811–1883).[2] Seine ersten Eindrücke von der Anatomie und seinen ersten und letzten Ohnmachtsanfall nach Besuch des Präpariersaals beschrieb Naunyn ironisch: »Dort ein abgeschnittener Arm, hier ein Bein, dort wieder ein halbierter Kopf – und der Gestank! [...] ich gelangte gerade noch schnell genug hinaus, um mich auf eine Treppenstufe setzen zu können, ehe ich ›abfiel‹.«[1] Doch er hielt durch und wurde Famulus bei Prof. Reichert, wo er in engeren Kontakt zu den Müller-Schülern Nathanael Lieberkühn (1821–1887) und Guido Richard Wagener (1822–1896) kam. Letzterer wurde auch Naunyns Promotionsbetreuer. Das Thema seiner Dissertation lautete »De evolutione Echinococci« (1862) und Naunyn erinnert sich amüsiert-selbstkritisch später an seinen Stolz: »Denn das Berliner Huhn hat, wie Fontane, der es wissen konnte, bekennt, von je die Neigung, das von ihm gelegte Ei für ein ganz besonderes Ei zu halten. So bin ich zu einer zeitweise nicht ganz unbedenklichen Steigerung meines Selbstgefühls gekommen …«.[1] Als Schüler Frerichs durchlief Naunyn nun eine solide klinische Ausbildung und nach einem etwas zögerlichen Beginn an der Berliner Charité gestaltete sich seine akademische Karriere fast kometenhaft. Zunächst wurde der 29-jährige Privatdozent 1869 zum Extraordinarius und – einen Monat nach Dienstantritt – zum Ordinarius an die Kaiserlich-Russische Universität Dorpat berufen, damals noch eine deutschsprachige Universität im Baltikum und »die vornehmste Stätte deutscher Kultur im fernen Osten …«.[1] Doch so recht warm wurde Naunyn in Russland nicht. So folgte er bereits 1871 einem Ruf an die Universität Bern, doch 1872 sah man ihn bereits – als Nachfolger Ernst von Leydens (1832–1910) – als Ordinarius der Albertus-Universität Königsberg. In Königsberg heiratete Bernhard Naunyn Anna, die Tochter seines Onkels Karl. Nach anfänglichen Schwierigkeiten entwickelten sich die Königsberger Jahre zu seiner produktivsten Schaffensperiode, auch seine Freundschaft mit Oswald M. Schmiedeberg (1838–1921) wurde hier geschlossen. Zu seinen Schülern zählten damals Oskar Minkowski (1858–1931), Hugo Falkenheim (1856–1945), Julius Schreiber (1848–1932) und Ernst Stadelmann (1853–1941). Nach 16 Jahren erfolgreicher klinischer und akademischer Tätigkeit in Ostpreußen folgte Naunyn dem Ruf an die Kaiser-Wilhelm-Universität Straßburg als Nachfolger Adolf Kußmauls (1822–1902). Zur neugegründeten Straßburger Fakultät zählten damals unter anderen F. D. von Recklinghausen (1833–1910), F. Goltz (1834–1902), F. Hoppe-Seyler (1825–1895), A. Lücke (1829–1894), O. Schmiedeberg, G. Schwalbe (1844–1916) und W. A. Freund (1833–1917). Erneut galt es, eine geeignete Infrastruktur aufzubauen: »Die Straßburger Kliniken entsprachen allesamt nicht meinen hochgespannten Erwartungen, die meine aber zeigte sich bei genauerer Kenntnisnahme unglaublich rückständig […] Große hohe Säle, im Durchschnitt mit 30 Betten […] Auf die ganze Abteilung von 135 Betten kein Badezimmer, kein Isolierzimmer, von Tageräumen gar nicht zu reden. Die Abtritte, einfache Sitze über den Abfallschächten, die in die Jauchegrube führten, in unheizbaren Anbauten an den Krankensälen. Die Dünste der Kloaken drangen leicht bis in den Saal.«[1]

Zu den wesentlichen Arbeitsgebieten Naunyns und seiner Schüler in Dorpat, Bern, Königsberg und Straßburg zählten die Chemie der Transsudate und des Eiters, die Ammoniak- und Säureausscheidungen, die Gallenwegs- und Lebererkrankungen, der hämatogene Ikterus und die Rückenmarksschädigungen. Vor allem auf dem Gebiet des Diabetes mellitus und der Klinik der Cholezystolithiasis wurde Bleibendes geleistet. Naunyns Schüler Oskar Minkowski, der Bruder des genialen Mathematikers Hermann Minkowski (1864–1909), und Schmiedebergs Mitarbeiter Joseph Freiherr von Mering (1849–1908) waren es, die die Rolle des Pankreas bei der Entstehung des Diabetes mellitus aufklärten – ein

Meilenstein vor der Entdeckung und Isolierung des Insulins 1921 durch Nicolae Paulescu (1869–1931), Frederick Banting (1891–1941) und Charles Best (1899–1978) aus der Bauchspeicheldrüse von Hunden. 1893 erhielt Naunyn einen Ruf an die Universität Wien als Nachfolger Otto Kahlers (1849–1893), doch Verstimmungen und Selbstzweifel an der eigenen Leistungsfähigkeit führten zur Ablehnung des ehrenvollen Angebots. 1902 wählte man ihn zum Vorsitzenden des Wiesbadener Kongresses für Innere Medizin und 1907 zum Vorsitzenden der Deutschen Gesellschaft für innere Medizin.[2] Bereits 1904 ließ sich Naunyn nach längeren Krankheiten und depressiven Episoden mit 65 Jahren emeritieren. In der Nähe von Baden-Baden bezog er mit seiner Frau sein neues Domizil, von wo aus er auch wissenschaftlich-publizistisch aktiv blieb. Gemeinsam mit Schmiedeberg und Edwin Klebs (1834–1913) redigierte er das 1872 gegründete heutige »Naunyn-Schmiedeberg's Archiv für Pharmakologie und experimentelle Medizin« sowie mit Johannes von Mikulicz-Radecki die 1885 gegründeten »Mitteilungen aus den Grenzgebieten der inneren Medizin und Chirurgie«. Noch während des Ersten Weltkriegs übernahm Naunyn eine Station des Lazaretts in Baden-Baden. Ludolf Krehl, der große Heidelberger Internist, erinnerte sich: »Dem Zauber des Menschen konnte sich niemand entziehen, der mit ihm sprach und seine wunderbaren blauen Augen sah. Gewiß war er sehr scharfsinnig, faßte und kombinierte außerordentlich schnell, war auf das feinste gebildet, höchst geistreich und phantasiereich, voller Einfälle [...]. Sein Beruf als gelehrter Kliniker war ihm ein Heiliges und das, was ihm im tiefsten Innern die Wahrheit war, das zu verkünden erschien ihm als das Werk, zu dem er berufen war, berufen im höchsten Sinne des Wortes.«[3] Bernhard Naunyn, dem der Ausruf »Die Medizin wird Wissenschaft sein oder sie wird nicht sein!« zugeschrieben ist, notierte über sich selbst: »Es ist mir vergönnt gewesen, daß ich mir nicht untreu zu werden brauchte.«[1] Er starb am 26. Juli 1925 in Baden-Baden. Beigesetzt wurde er in Berlin, der Stadt seiner Familie und seiner Jugendjahre.

ADE

Literatur:

1 Naunyn, B. Erinnerungen. Gedanken und Meinungen. J. F. Bergmann Verlag, München 1925.

2 Andree, H., Berndt, H. 150. Geburtstag von Bernhard Naunyn. Z. ärztl. Fortbildung 1989;83:885–888.

3 Krehl, L. Bernhard Naunyn. Münchener Medizinische Wochenschrift 2.10.1925;40:1695–1696.

Robert Ferdinand Wilms (1824–1880)

Kirchhof II der Jerusalems-Gemeinde und der Neuen Kirchen-Gemeinde, Abt. 1/1 – 4 Erbb., Mitte links

Robert Ferdinand Wilms wurde am 9. September 1824 im neumärkischen Arnswalde geboren. Kurze Zeit danach zog die Familie nach Stargard in Hinterpommern, wo Wilms aufwuchs und das Gymnasium absolvierte. Von 1842 bis 1846 studierte er Medizin in Berlin. Hier beeindruckte ihn Johannes Müller, der ihm umgekehrt seine Zuneigung erwies: Eine Quelle bezeichnet Wilms als »Liebling« Müllers.[2]

Nach dem Examen ging es 1847 auf Studienreise nach Prag und Wien. In der alten Kaiserstadt an der Donau wurde ihm Johann Oppolzer ein weiteres prägendes Vorbild.[3]

1848 begann Wilms seine Tätigkeit an der Berliner Kranken- und Diakonissenanstalt Bethanien, zunächst als Assistent des damaligen Direktors Geh.-Rat. Bartels, zuletzt in leitender Position. 1852 erfolgte die Ernennung zum ordinierenden, 1862 jene zum dirigierenden Arzt der chirurgischen Abteilung. Wilms wurde später Geheimer Sanitätsrat und 1858 ständiges Mitglied der Oberexaminationskommission für das Fach Chirurgie.

Wilms entwickelte das Haus Bethanien zu einer der führenden chirurgischen Kliniken Berlins. Besondere Verdienste erwarb er sich um die konsequente Durchsetzung höherer hygienischer Standards.

Wie Theodor Billroth in Wien gehörte auch Wilms zu den damaligen Klinikdirektoren, die Jahresberichte ihrer Arbeit veröffentlichten. Von Wilms ausgebildet zu werden war eine Ehre, und einige seiner Schüler wiederum gereichten ihm zu jener: Edmund Rose (1836–1914), der später Ordinarius der Chirurgie in Zürich wurde und 1881 als Nachfolger seines Lehrers an das Diakonissenhaus Bethanien zurückkehrte; Karl Schönborn (1840–1906), der Ordinarius in Königsberg und Würzburg war; Ernst Georg Ferdinand Küster (1839–1930), nachmals auf dem chirurgischen Lehrstuhl in Marburg; und der vielleicht heute noch bekannteste unter seinen Assistenten Werner Körte (1853–1937), ab 1889 Direktor des Städtischen Krankenhauses Am Urban.

Heute fast unbekannt, stand das Diakonissenhaus Bethanien im Berlin der zweiten Hälfte des 19. Jahrhunderts in seiner Bedeutung neben dem Universitätsklinikum in der Ziegelstraße und der Charité. Nach dem Vorbild der Kaiserswerther Diakonie im Zuge der konsequenten Entwicklung der Luisenstadt konzipiert, galt es als besonderes Herzensprojekt Friedrich Wilhelms IV. Die Namensgebung nach dem biblischen Bethanien erfolgte wohl auch auf dessen Wunsch hin. Unter den Architekten, die mit der Planung und Entstehung Bethaniens betraut waren, lesen wir Namen wie Persius und Stüler, und nicht zuletzt war der König selbst an den architektonischen Plänen und der Gestaltung des Krankenhausparks, den Lenné dann anlegte, beteiligt. Bei der Eröffnung 1847 galt das Haus in jeder Hinsicht als vorbildlich. Über zwanzig Jahre später, Wilms war bereits dirigierender Arzt, starben hunderte Patienten an Wundinfektionen nach chirurgischen Eingriffen. Damals herrschten desaströse hygienische und pflegerische Verhältnisse an vielen Kliniken, möglicherweise auch deswegen, weil eine große Zahl an Diakonissen für die Versorgung Kriegsverletzter abgezogen wurde. Für Wilms bedeutete dies wohl die größte Herausforderung seiner Amtszeit. Klinisch hat er sich um die Tracheotomie (Luftröhrenschnitt), die sich damals bei Diphtherie-Patienten notwendig machte, und die Erweiterung der Harnröhre verdient gemacht. Nach Wilms und dessen Nachfolger Rose sanken Niveau und Reputation von Bethanien, 1970 wurde das Haus als Krankenanstalt geschlossen.

Die Kriege von 1866 und 1870/71 riefen ihn als Generalarzt ins Feld. Er hatte sich hier durch großes medizinisches und organisatorisches Können, vor allem aber wohl durch seine menschliche Zuwendung in die Herzen der ihm Anvertrauten geschrieben. Wilms Popularität in dieser Zeit fand ihren Widerhall auf bildhauerischen Darstellungen: Relief 3 von der Hand des Bildhauers Karl Keil im Sockel der Siegessäule, die damals auf dem Königsplatz (heute: Platz der Republik vor dem Reichstagsgebäude) stand, zeigt ihn bei der Versorgung eines Verletzten während des deutsch-französischen Krieges 1870/71. Vor Bethanien stand seit 1883 ein Wilms-Denkmal mit einer von Rudolf Siemering, der auch für die Figur des Graefe-Denkmals vor der Charité verantwortlich zeichnete, geschaffenen Büste; sie ist erhalten.

Robert Ferdinand Wilms war kein bedeutender Wissenschaftler, stand nicht in der Reihe der großen medizinischen Entdecker der zwei-

KREUZBERG

ten Hälfte des 19. Jahrhunderts und hat nicht durch die Angabe eines neuen Operationsverfahrens von sich reden gemacht (den Wilms-Tumor, das kindliche Nephroblastom, hat der mit Robert Wilms nicht verwandte Max Wilms, chirurgischer Ordinarius in Basel und Heidelberg, beschrieben). Er hatte auch keine steile akademische Karriere angestrebt; gleichwohl war Wilms, folgen wir der Einschätzung der Zeitgenossen, ein außergewöhnlicher und außergewöhnlich beliebter Arzt. An Bedeutung stellte man ihn zu Lebzeiten neben Bernhard von Langenbeck, bei seinem Tode verglich man ihn mit Albrecht von Graefe. Seine Patienten haben ihn verehrt, um nicht zu sagen: geliebt. In einer Todesanzeige lesen wir: »Die Kranken glaubten an ihn; die Hülfesuchenden blickten mit einem unerschütterlichen Vertrauen zu ihm auf ...«.[2] Sein Umfeld verblüffte er damit, sich an ehemalige Patienten noch nach Jahren erinnern zu können. Theodor Fontane, der während seiner Zeit in Bethanien 1848/49 Tür an Tür mit Wilms wohnte, hinterließ uns die folgende, wie so oft bei ihm von Ironie und Sympathie gleichermaßen getragene Einschätzung des fast gleichaltrigen Chirurgen: »... weil er bei seinen großen Vorzügen – seine größte Eigenschaft, fast noch über das Ärztliche hinaus, war seine Humanität – doch eigentlich etwas Philiströses hatte, so verstand er es nicht, seinen Unmut grotesk-amüsant zu inszenieren. Er hatte keine Spur von Witz und Humor und entbehrte alles geistig Drüberstehenden. Er wurde nur groß, wenn er das Seziermesser in die Hand nahm. [...] Er war nicht interessant. Aber das war freilich auch das einzige, was sich gegen ihn sagen ließ ...«.[1]

Mußestunden hat Wilms mit klassischer deutscher Literatur verbracht. Lessing und von Platen seien die bevorzugte Lektüre gewesen, und auf Reisen habe ihn immer ein Band von Lessing begleitet.[2] Robert Wilms starb am 24. September 1880 – nur wenige Tage nach seinem 56. Geburtstag – an den Folgen einer im Operationssaal erlittenen Stichverletzung mit konsekutiver Wundinfektion. *UAU*

Literatur:

1 Fontane, Th. Autobiographische Schriften Bd. II. Von Zwanzig bis Dreißig. Dieterich'sche Verlagsbuchhandlung, Leipzig, 1971.

2 K., J. [den vollständigen Namen konnten Verlag und Autor nicht ermitteln] Robert Wilms todt. Die Gartenlaube, Heft 43, S. 712, Ernst Keil, Leipzig, 1880.

3 Martens, M. Zum 100jährigen Geburtstag von Robert Wilms. Dtsch med Wochenschr 1924;50(48):1664-5.

Adolf Ludwig Sigismund Gusserow (1836–1906)

Friedhof I der Dreifaltigkeitsgemeinde, Feld 1

Berlin, die Metropole des Deutschen Reiches, expandierte seit 1870. Wirtschaftskrisen und soziale Spannungen, Innovationen und Kreativität, preußische Leutnants und Kaisertreue, Investitionen und schlagende Verbindungen, Blüte von Kultur und Wissenschaft – Berlin war auf dem Weg zur Weltstadt. Die Bevölkerung nahm rapide zu, die medizinische Betreuung hielt dem nicht mehr stand. Verschiedene Konsequenzen waren notwendig – auch an der Berliner Universität, wo seit langem ein zweiter Lehrstuhl für Geburtshilfe gefordert wurde. Am 20.11.1877 schrieben Emil du Bois-Reymond, Rudolf Virchow und Ernst von Leyden im Auftrage der Berliner Medizinischen Fakultät an den Minister für geistliche Unterrichts- und Medizinalangelegenheiten Adalbert Falk (1827–1900) und nannten, ohne den einen oder den anderen bevorzugen zu wollen, in alphabetischer Ordnung Adolf Gusserow, Professor in Straßburg, und Carl von Hecker (München) als mögliche Berufungskandidaten. Die Verdienste beider Gynäkologen hielten sich, so die Meinung der Fakultät, durchaus die Waage. Dennoch wurde in den Text der Ausschreibung eine Klausel eingefügt, welche die eigentlichen Wünsche der Berliner deutlich werden ließ: »Herr Gusserow hat vor Herrn Hecker die größere Jugend voraus und ist ein sehr beliebter Lehrer; aber auch Herr Hecker hat sehr schöne Erfolge seiner Lehrtätigkeit aufzuweisen, und von schwieriger Verpflanzung desselben nach Berlin seines vorgeschrittenen Alters wegen, kann kaum die Rede sein, wo er als Sproß einer Familie, welche in zwei Generationen der Fakultät ordentliche Mitglieder gab, hier seine wissenschaftliche Ausbildung erhielt, und bis zum Mannesalter für sie thätig war.«[1] An dritter Stelle wurde der Marburger Geburtshelfer Rudolf Dohrn (1836–1915) genannt.

Adolf Ludwig Sigismund Gusserow wurde am 8. Juli 1836 als Sohn des Geheimen Sanitätsrates Dr. Karl August Gusserow und dessen Frau Clara (geborene Albrecht) in Berlin geboren. Nach dem Besuch des Friedrichs-Werderschen Gymnasiums studierte er in Berlin, Würzburg und Prag Medizin. 1859 promovierte er und bestand kurz darauf das medizinische Staatsexamen. Seine Prüfer waren L. Traube, F. Th. von Frerichs, M. H. Romberg in der Inneren Medizin, B. von Langenbeck und Ch. Jüngken in der Chirurgie, E. A. Martin und B. Seyfert in Geburtshilfe sowie F. von Bärensprung in der Dermatologie. Gusserow wurde Sekundärarzt an der Universitäts-Frauenklinik unter Eduard Arnold Martin (1809–1875). Wie damals üblich, ging Adolf Gusserow auf eine Studienreise nach England, wo er Assistent und später auch Freund des berühmten Geburtshelfers James Y. Simpson (1811–1870) wurde, der durch die Einführung des Chloroforms in die Geburtshilfe bleibende Verdienste erworben hatte. 1865 habilitierte sich Gusserow an der Berliner Universität. Mit 31 Jahren erhielt er den Ruf auf das Ordinariat für Gynäkologie und Geburtshilfe der Universität Utrecht, doch im gleichen Jahr (1867) ging er an die Universität Zürich, wo er Nachfolger Professor B. Breslaus (1829–1866) auf dem geburtshilflichen Lehrstuhl wurde. In Zürich erlebte Gusserow die Ereignisse des Deutsch-Französischen Krieges von 1870 und die Reichsgründung. Am 29. April 1871 hielt Gusserow die Festrede anlässlich des Stiftungsfestes der Züricher Hochschule und reflektierte hier die Ereignisse in einer Deutlichkeit, wie man sie aus der Feder deutscher Geburtshelfer kaum kennt: »Jeder, auch der grösste Feind der deutschen Entwicklung, wird in dem Wunsche sich mit mir vereinigen können, den ich als sicherste Zuversicht meines Herzens und meines Verstandes hier ausspreche: dass diese Einigung Deutschlands Friede und Glück, Segen im reichsten Maße über die Welt bringen möge - soweit ein Kulturvolk dieses überhaupt in seiner Hand hat und soweit eben auf dieser Erde Friede und Segen möglich ist.«[1] Knapp 5 Jahre wirkte Gusserow in Zürich, bis er 1872 an die neugegründete Kaiser-Wilhelm-Universität Straßburg berufen wurde. Hier erwarb sich Gusserow durch seine Arbeiten über operative Probleme der Gynäkologie internationale Reputation. Ungeachtet seiner wissenschaftlichen Bedeutung gab es unter den Zeitgenossen scharfe Kritiker Gusserows. So schrieb der Greifswalder Pathologe Grawitz in seinem Gutachten zur Neubesetzung des Schröderschen Lehrstuhls am 3. März 1887 ablehnend: »Die Seite des Operateurs wird bekanntlich von den Laien nach dem Erfolg beurteilt [...] Gusserow hat auf diesem Gebiet mehr Unglück gehabt, als irgend ein Chirurg oder

Gynäkologe, dessen Erfolge ich in meiner elfjährigen Sektionstätigkeit in der Charité gesehen habe. Die Protokolle des Pathologischen Institutes enthalten zahlreiche Fälle, in welchen so unangenehme Kunstfehler vorgekommen waren, dass Virchow dieselben von der Demonstration in seinen Cursen zurückstellen mußte, um der unter den Studenten cursierenden Fama keinen tatsächlichen Boden zu liefern. Es würde mich in der That wundern, wenn Virchow seine Stimme dafür abgegeben hätte, daß Gusserow die Stelle des ersten Gynäkologen einnehmen sollte. Soweit ich ihn kenne, würde er versuchen einen Mann ersten Ranges für diesen so wichtigen Posten zu gewinnen ...«.[1]

Anfänglich stand Gusserow nur der geburtshilflichen Klinik in der Charité und der Hebammenlehranstalt vor, ab 1883 übernahm er jedoch auch das Direktorat der gynäkologischen Abteilung. Zu Gusserows Assistenten gehörten unter anderem so bekannte Ärzte wie Theodor Wyder (später Ordinarius in Zürich), Max Runge (Ordinarius in Dorpat und Göttingen), Paul Straßmann (Professor in Berlin), Alfred Dührssen (Professor in Berlin), Heinrich von Bardeleben (Professor in Berlin) und Paul Zweifel (Ordinarius in Leipzig). Gusserow war als guter akademischer Lehrer bekannt, dem praktisches Können bei seinen Studenten wichtiger als rein theoretisches Wissen war.[2] Doch als Prüfer war er gefürchtet – das Examen bestand man als Student in Berlin besser bei dem milderen Carl Schröder in der Artilleriestraße 18. Insbesondere die wissenschaftliche Konkurrenz zwischen der I. Universitäts-Frauenklinik und der II. Universitäts-Frauenklinik in der Charité (beziehungsweise zwischen Schröder, später Olshausen und Gusserow sowie deren Assistenten) wirkte sich positiv stimulierend auf die Entwicklung des Fachgebietes in Berlin aus. Von 1884 bis 1892 gab Gusserow mit Credé, von 1892 bis 1906 gemeinsam mit Leopold die bekannte Fachzeitschrift »Archiv für Gynäkologie« heraus. Zum 50-jährigen Jubiläum wurden Robert von Olshausen (1835–1915) und Adolf Gusserow zu Ehrenpräsidenten der 1844 von Carl Mayer (1795–1868) gegründeten Berliner Gesellschaft für Geburtshilfe und Gynäkologie ernannt.[3] 1904 wurde Adolf Gusserow emeritiert. Seine letzten Jahre waren von schwerer Krankheit geprägt. Am 6. Februar 1906 starb Gusserow nach mehreren Schlaganfällen in Berlin. Offizielle Vertreter seiner Universitäten, Studenten, seine Schüler und Assistenten, Freunde und Mitstreiter erwiesen ihm die letzte Ehre.

ADE

Literatur:

1 Ebert, A. D., Weitzel, H. K. Die Berliner Gesellschaft für Geburtshilfe und Gynäkologie 1844–1994. DeGruyter Verlag, Berlin/New York, 1994, S. 51–64.

2 Wyder, Th. Adolf Gusserow †. Monatsschr. Gyn Geburth 1906:520–525.

3 Martin, A., Veit, J. Geschichte der Gesellschaft für Geburtshilfe und Gynäkologie in Berlin 1844–1894. Z Geburtshilfe Gynäkologie 1894;30:3 ff.

KIRCHHOF II DER FRIEDRICHSWERDERSCHEN GEMEINDE

Johann Friedrich Dieffenbach (1792–1847)

Kirchhof II der Friedrichswerderschen Gemeinde, Mausoleum, Ehrengrab

Johann Friedrich Dieffenbach wurde am 1. Februar 1792 im ostpreußischen Königsberg geboren. Der Vater, Konrad Philipp Dieffenbach, war Privatdozent der Philosophie an der Universität Rostock und kam ein Jahr zuvor an das Königsberger Collegium Friedericianum. Nach seinem frühen Tod ging die Mutter Sophie Dieffenbach mit den Kindern zurück nach Rostock, wo Johann Friedrich das Gymnasium besuchte und sich 1810 als Student der Theologie einschrieb. 1812 wechselte er nach Greifswald.[3]

Im Jahr der Befreiungskriege meldete sich Dieffenbach freiwillig zum Dienst in einem Jägercorps. Er hat selbst berichtet, dass er das tiefste Getümmel nicht gescheut habe, kam 1814 bis nach Paris und kehrte anschließend nach Rostock zurück. Gleichwohl nahm er das Studium der Theologie nicht wieder auf, sondern wechselte zur Medizin in seine Geburtsstadt Königsberg. Hier zählten der Physiologe und Anatom Karl Friedrich Burdach und der Zoologe Karl Ernst von Baer zu seinen akademischen Lehrern.

1818 nahm er an der Gründung der Deutschen Burschenschaft in Jena als Vertreter der Albertina teil. In jenen Tagen erkannte er seine Bestimmung: »... zur Chirurgie bin ich geboren ...«.[3]

Als Königsberger Studiosus machte Dieffenbach die Bekanntschaft von Johanna Charlotte Motherby (1783–1842), Frau des in Ostpreußen wirkenden englischen Arztes William Motherby. Johanna fühlte sich zu interessanten Männern hingezogen und hatte, wie es heißt, Affären mit Max von Schenkendorff, Wilhelm von Humboldt und Ernst Moritz Arndt hinter sich.[1] Wegen der Romanze mit der verheirateten Johanna und laufender Ermittlungen im Umfeld des Attentats von Karl Ludwig Sand an August von Kotzebue, in die auch Dieffenbach geriet, schien es ihm geboten, Königsberg zu verlassen. 1819 ging er nach Bonn. Die

Rheinische Friedrich-Wilhelms-Universität war damals ein aufstrebendes wissenschaftliches Zentrum der neuen preußischen Rheinprovinz. Hier lernte Dieffenbach den bedeutenden Chirurgen Philipp Franz von Walther kennen. Beide verband bald eine tiefe Sympathie. Auf einer Reise durch Frankreich 1821 – zwar noch Student, gleichwohl aber ärztlicher Begleiter einer russischen Fürstin – machte er die Bekanntschaft Guillaume Dupuytrens, François Magendies und des berühmten Feldarztes der napoleonischen Kriege, Dominique Jean Larrey.

Dieffenbach schloss sein Studium 1822 in Würzburg ab. Seine im selben Jahr dort veröffentlichte Promotionsschrift »Nonnulla de Regeneratione et Transplantatione« wirkt im Nachhinein wie das Programm des späteren Virtuosen der plastischen Chirurgie. Um in Preußen praktizieren zu können, legte er das Examen gleichwohl in Berlin ab, und ließ sich dort 1823 als praktischer Arzt nieder. 1824 heiratete er die inzwischen geschiedene Johanna Motherby.[1]

Bald wurde man in Berlin auf den außergewöhnlichen Chirurgen aufmerksam. Als der Direktor der Chirurgie in der Charité, Johann Nepomuk Rust (1775–1840), seinen klinischen Verpflichtungen gesundheitlicher Gründe wegen nicht mehr nachkommen konnte und man einen fähigen Operateur an seine Seite stellen wollte, hatte sich Dieffenbach – obwohl nicht an einem Universitätsklinikum tätig sondern frei praktizierend – bereits so in Position gebracht, dass die Wahl auf ihn fiel und er 1829 unter Rust »Dirigierender Arzt« der Charité wurde. Während seiner Zeit an der Charité entwickelte sich Dieffenbach zu einem der führenden plastischen und rekonstruktiven Chirurgen Europas. 1832 erfolgte die Ernennung zum außerordentlichen Professor.[3]

Die Ehe mit Johanna Motherby stand unter keinem guten Stern. Ungeachtet der Scheidung 1833 ließ sich Johanna weiterhin mit »Professorin Dieffenbach« anreden, später führte sie zusammen mit ihrer engen Freundin, der ebenfalls die Konventionen der Zeit sprengenden Gräfin Elisa von Ahlefeldt, einen Salon in der Potsdamer Straße (die damals noch Potsdamer Chaussee hieß und vor den Toren Berlins lag).[1] Dieffenbachs zweite Frau, Emilie Wilhelmine Heidegger, war die Tochter des Stadtphysikus aus Bad Freienwalde an der Oder; das Paar hatte zwei Kinder.

Nach dem überraschenden Tod von Carl Ferdinand Graefe 1840 setzte Dieffenbach alles daran, dessen Nachfolge im Klinikum Ziegelstraße antreten zu können, aber er hatte weder in der Fakultät noch in den höhe-

ren Kreisen nur Freunde: Seine Geradlinigkeit und manchmal fehlende politische Geschmeidigkeit mögen dafür gesorgt haben. Nach einer Zeit als »interimistischer Leiter« sowohl in der Charité als auch im Königlichen Klinikum erhielt er dann den Ruf als Ordinarius für Chirurgie und Direktor in der Ziegelstraße.

Dieffenbachs Name verbindet man heute mit dem Gipsverband, der Cholerabehandlung durch Volumenauffüllung, Experimenten zur Bluttransfusion und zahlreichen Operationsmethoden: so zur Behandlung des Kopfnickerhämatoms beim Neugeborenen, von Klumpfüßen, zur Oberkieferresektion, zur Naht von Dammrissen, zur Korrektur von Blasenscheidenfisteln, zur Rekonstruktion von Nasen, Ohren und Augenlidern sowie zur Behandlung von Lippen-Kiefer-Gaumenspalten. Damit kann er als ein Begründer der wiederherstellenden Mund-, Kiefer- und Gesichtschirurgie gelten. Ihm wird auch die erste erfolgreiche Schieloperation in Berlin zugeschrieben. Es erscheint heute kaum vorstellbar, wie man Oberkieferresektionen ohne Narkose, ohne Asepsis, ohne Wachstation und ohne Antibiotika erfolgreich durchführen konnte. Dieffenbachs wissenschaftliche Beschäftigung mit der damals aktuellen Äthernarkose mündete 1847 in seiner letzten Publikation kurz vor seinem plötzlichen Tod. Sein Buch »Die operative Chirurgie« war ein über längere Zeit anerkanntes Standardwerk.[2]

Johann Friedrich Dieffenbach erlitt am 11. November 1847 einen plötzlichen Tod während einer klinischen Demonstration im Hörsaal. Er wurde in einem Mausoleum beigesetzt. Nach Heims Tod galt Dieffenbach als der populärste Arzt Berlins. Er hatte eine Schwäche für elegante Equipagen und rassige Pferde und war für sein manchmal draufgängerisches Kutschieren stadtbekannt. Im Gedächtnis blieb er aber doch durch seine ärztliche Tätigkeit, wie ein Gassenreim illustriert:

»Das ist der Doktor Dieffenbach
Der Doktor der Doktoren;
Er schneidet Arm' und Beine ab,
Macht neue Nas' und Ohren.«[4]

UAU

Literatur:
1 de Bruyn, G. Gräfin Elisa. S. Fischer, Frankfurt, 2012.
2 Killian, H. Meister der Chirurgie und die Chirurgenschulen im gesamten deutschen Sprachraum. Thieme, Stuttgart, 1980.
3 Lampe, R. Dieffenbach. Johann Ambrosius Barth, Leipzig, 1934.
4 Ulrich, U., Lauritzen, C. Johann Friedrich Dieffenbach – Vater der plastischen Chirurgie in Deutschland. Dtsch Med Wschr 1992;117:1165-7.

Ernst von Leyden (1832–1910)

Kirchhof II der Friedrichswerderschen Gemeinde, Feld EHW-J, G3, Ehrengrab

»Wissen Sie eigentlich, mein Herr, wo Sie sich hier befinden?«, fragte Ernst von Leyden den Examenskandidaten. »In der ersten Medizinischen Klinik?«, lautete die verlegen gehauchte Antwort des Studenten. »Falsch, mein Herr, falsch! Sie befinden sich in der *ersten Medizinischen Klinik der Welt*!« So will es die Legende, doch ein kleines Körnchen Wahrheit wird schon darin stecken, denn Leyden war einer der ganz großen Mediziner und Hochschullehrer seiner Zeit – und war sich dessen auch bewusst.

Ernst von Leyden wurde am 20. April 1832 in Danzig als Sohn des Regierungsrates Gottlieb Ferdinand Leyden (1781–1844) und seiner Frau Mathilde (1801–1884) geboren. Er besuchte unter anderem das Gymnasium in Marienwerder und studierte nach dem Abitur ab dem 15. Oktober 1849 bis zum 28. Februar 1853 Medizin als Zögling des Friedrich-Wilhelms-Institutes für das militärärztliche Bildungswesen – der berühmten »Pépinière« in Berlin. Hier gehörten Johann Lukas Schönlein (1793–1864) und vor allem Ludwig Traube (1818–1876) zu seinen Lehrern. Schon damals war er ein leidenschaftlicher und wissbegieriger Schüler. Leyden »büffelte« nach Herzenslust.[1] Da er immer mit »den Groschen rechnen musste«, hatte er auch nur begrenzte Möglichkeiten für ein ausgelassenes Studentenleben. Früh wurde Leyden klar, dass er in der Wissenschaft einen »ehrenvollen Platz« einnehmen und »etwas ganz Besonderes, Außerordentliches« leisten wollte. Am 11. August 1853 wurde Leyden unter dem Dekanat Christian Gottfried Ehrenbergs (1795–1876) promoviert und zum Unterarzt befördert. 1854 bestand er das Staatsexamen mit summa cum laude und »wurde hinausgeschickt nach Düsseldorf, später nach Königsberg, wo ich 1859 mein Physikatsexamen als Kreisarzt machte und zuletzt nach Gumbinnen«.[1] Dort lernte er seine erste Frau Jenny Schröder kennen. 1859 wurde Leyden als Oberarzt an die Pépinière abkommandiert, um dann von 1860 bis 1862 an der königlichen Charité unter Ludwig Traube an der sogenannten »Deutschen Klinik« bzw. der »Propädeutischen Klinik« klinische Erfahrungen zu sammeln und wissenschaftlich zu arbeiten. Nebenbei war Leyden Stabsarzt beim 3. Garde-Füsilier-Regiment, dem legendären »Maikäfer«-Regiment. In dieser Zeit widmete er sich dem Studium der Nerven-, speziell der Rückenmarkserkrankungen. Die erste Publikation über »die graue Degeneration der Rückenmarksstränge« erschien 1863. Mit diesem Thema habilitierte sich Leyden ein Jahr später. 1863 heiratete Leyden seine Verlobte Jenny. Leyden musste 1864 als Stabsarzt am Feldzug gegen Dänemark teilnehmen, während seine Frau niederkam und an den Folgen der Geburt verstarb. Während seiner Trauerphase erreichte ihn der Ruf der Königsberger Fakultät auf das Ordinariat für Pathologie und Therapie, wie die innere Medizin damals genannt wurde. Ab April 1865 wurde der dreiunddreißigjährige Privatdozent und Stabsarzt Ernst Leyden – emporgerissen »aus der trostlosen Trauer um ewig Verlorenes« war er nun »hochgemut und jugendfroh« – ein Königsberger Professor. Die Königsberger Jahre waren für Leyden wissenschaftlich und akademisch sehr produktiv. Er bildete seine ersten bekannten Schüler aus, so unter anderem Hermann Nothnagel (1841–1905) und entwickelte die Königsberger Medizinische Klinik zu einem anerkannten klinischen Zentrum. 1868 heiratete Leyden seine zweite Frau Marie, geborene Oppenheim. 1870 nahm Leyden als Regimentsarzt und Führer eines Lazarettzuges des Johanniter-Ordens am Krieg gegen Frankreich teil. 1871 berief ihn die Medizinische Fakultät der nach dem Krieg neugegründeten Kaiser-Wilhelm-Universität Straßburg im Elsaß zum Ordinarius. Auch hier machte Leyden Schule: So gehörten beispielsweise Hans Virchow (1852–1940) und Werner Körte (1853–1937) zu seinen Studenten. Als 1876 Ludwig Traube in Berlin schwer erkrankte, war Leyden bei seinem Lehrer. Retten konnte er ihn nicht. Nach Traubes Tod wurde Leyden zu seinem Nachfolger an die II. Medizinische Klinik berufen. »Tragen Sie die Wissenschaft hoch durch ihr ganzes Leben. Seien Sie scharf und kritisch, aber als Aerzte seien Sie gleichzeitig mild, mitfühlend, hingebend und gewissenhaft«, rief er seinen Berliner Studenten damals zu. Es war die Zeit, in der sich die Medizin dynamisch in Spezialgebiete auffächerte, was an Forscher, Lehrer und Schüler neue Anforderungen stellte. So auch an Leyden, der sich verstärkt von der Diagnostik der Therapie zuwandte. Leyden hat für die damalige Zeit Bahnbrechendes geleistet, speziell auf den Gebieten der Luft-, Wasser- und Ernährungstherapie, der Rückenmarks- und Herzerkrankungen, der Lungenkrankheiten (»Leydensche Asthmakristalle«), der Nierenkrankheiten, der Tuberku-

losebehandlung inklusive der Gründung von Tuberkulose-Heilstätten, der Krankenpflege und der Krebsbekämpfung. Die Lungenheilstätte in Belzig bei Berlin und viele andere Einrichtungen gingen unter anderem mit auf seine Initiativen zurück. Wichtig war dem Arzt Leyden immer das Wohlergehen seiner Patienten, sodass der Komfort in der Klinik von ihm als Teil der Behandlung verstanden wurde.[2] Der Verwaltungsdirektor des Charite-Krankenhauses, Geheimrat Bernhard Spinola (1836–1900), meinte nach einem Vortrag Leydens vor der Gesellschaft für Hygiene ironisch zu ihm: »Wir können ja in der Charité von nun an alle Tage Champagner geben …« – und unterstützte Leyden, der nun umsetzen konnte, was »vordem für einen schönen Traum gegolten hatte und als überflüssig betrachtet wurde …«.[1] Zur grundsätzlichen Frage, ob man »Krankheit heilen« könnte, schrieb er: »Die Krankheit ist nichts für sich Bestehendes, sondern ist der kranke Zustand eines Menschen, und Krankheit heilen heißt nichts anderes, als kranke Menschen wieder gesund zu machen. Als höchste Leistung der ärztlichen Kunst möchte ich es bezeichnen [...] die richtigen Mittel und Wege zu suchen und finden, die zur Heilung führen. Wer die Aufgabe der Medizin allein darin finden will, Krankheit zu heilen, entkleidet sie ihres schönsten humanen Zweckes, im Dienste der leidenden Menschheit zu stehen, und ich glaube kaum, daß ein Arzt, der sich darauf beschränkt, Medikamente gegen Krankheiten zu verschreiben, in seinem Berufe viel Erfolg haben und eine innere Befriedigung finden würde.«[1]

Nach dem Tode seines »liebenswürdigen und wohlwollenden Kollegen« Friedrich Theodor von Frerichs (1819–1885) wurde Leyden zum Direktor der I. Medizinischen Klinik berufen. Carl Gerhardt (1833–1902) aus Würzburg übernahm die II. Medizinische Klinik. Bleibende Verdienste hat sich Leyden auch um die Berliner Medizinische Gesellschaft sowie um die 1881 gegründete Deutsche Gesellschaft für Innere Medizin (ursprünglich »Verein für innere Medizin«) erworben.[2] Die Gründung des »Centralkommittees für Krebsforschung« und dessen Aktivitäten seit 1900 waren damals wegweisend für die Onkologie, einer ganz neuen Forschungsrichtung. Zu Leydens zahllosen Patienten zählten unter anderem auch so berühmte Persönlichkeiten wie Otto von Bismarck (1815–1898), Baron Gerson von Bleichröder (1822–1893), Kronprinz Friedrich Wilhelm von Preußen (1831–1888), Alfred Krupp (1812–1887) und der russische Zar Alexander III. (1845–1894). Als Ernst von Leyden sich 1907 mit einem Festakt emeritieren ließ, erhielt er den Titel eines »Wirklichen Geheimen Medizinalrates«, der damals mit der Anrede »Exzellenz« verbunden war. In den erblichen Adelstand wurde er bereits 1896 von Kaiser Wilhelm II. erhoben. Von Leyden starb am 5. Oktober 1910 in Charlottenburg bei Berlin. In der ganzen Welt betrauerten Ärzte den Heimgang eines der bedeutendsten Internisten jener großen Epoche der Medizin.[2]

ADE

Literatur:

1 Leyden, E. v. Lebenserinnerungen. Deutsche Verlags-Anstalt, Stuttgart/Leipzig, 1910.
2 Kraus, F. Gedächtnisrede auf E.v.Leyden. Gehalten am 24. Oktober im Verein für innere Medizin. Deutsche Medizinische Wochenschrift 3.11.1910;44:2055–2061.

Moritz Heinrich Romberg (1795–1873)

Kirchhof II der Friedrichswerderschen Gemeinde, Feld ELW-H, GA, Ehrengrab

Moritz Heinrich Romberg wurde am 11. November 1795 in Meiningen (Thüringen) geboren. Sein Vater war Kaufmann, seine Familie war jüdisch. Nach dem Tod des Vaters zog die Mutter mit ihrem Sohn Moritz und einer Tochter nach Berlin, wo Moritz zur Schule ging und auf dem Gymnasium »Zum Grauen Kloster« das Abitur bestand. 1812 wurde Romberg an der Friedrich-Wilhelms-Universität zu Berlin als Medizinstudent immatrikuliert. Zu seinen akademischen Lehrern gehörten neben dem Philosophen Johann Gottlieb Fichte (1762–1814) die Mediziner Karl Asmund Rudolphi (1771–1832), Christoph Wilhelm Hufeland (1762–1836), Ernst Horn (1774–1848) und Carl Ferdinand von Graefe (1787–1840). Nach dem »Examen rigorosum« wurde Romberg am 29. März 1817 mit seiner Arbeit »De rachitide congenita« promoviert. Dem Studium folgte ein Studien- und Arbeitsaufenthalt in Wien bei Johann Peter Frank (1745–1821). Zurück in der preußischen Hauptstadt arbeitete Romberg spätestens ab 1819 zunächst als praktischer Arzt und bis 1845 auch als sogenannter »Armenarzt« und führte mit Unterstützung seiner Lehrer Horn, des Psychiaters, und Ernst Ludwig Heim (1747–1834) in der Charité Obduktionen von verstorbenen Patienten mit Hirn- und Rückenmarksleiden durch. Frühzeitig schien er seine Berufung zum Studium der Nervenkrankheiten erkannt zu haben. Klinisch-neurologische Symptome korrelierte er mit pathologisch-anatomischen Befunden und publizierte zahlreiche Arbeiten, was ihm 1830 – nach dem Übertritt von der jüdischen zur christlichen Religion 1828 – die Habilitation mit der Arbeit »Commentationes quaedam de cerebri haenorrhagia« in Berlin ermöglichte.[1] Zuvor heiratete Romberg Friederike Johanna von Halle. Ihr Sohn Ernst Ludwig Romberg (1823–1913) wurde Rechtsanwalt am Reichsgericht und Geheimer Justizrat.

Während der Cholera-Katastrophe von 1831/32 und 1937 leitete Romberg, der von Hause aus Internist war, ein Cholera-Lazarett und musste erleben, wie sein Freund und Kollege Hans Calow im Selbstversuch Blut von Cholerakranken trank, um zu beweisen, dass diese Erkrankung *nicht* über eine Infektion des Magen-Darm-Kanals zustande kam. Romberg war dagegen und für die »Darmtheorie«. Calow starb unter Qualen am Vollbild der Cholera, der Infektionsweg der Seuche war somit geklärt.

Wohl um 1832 prägte Romberg erstmals den Begriff »Neurologie«.[1] 1838 wurde Romberg zum außerordentlichen Professor der Berliner Universität bestellt und 1845 zum ordentlichen Professor berufen. Er leitete von 1842 bis 1865 das Königlich-Poliklinische Institut, das von Ch. W. Hufeland gegründet wurde und sich ab 1850 im Universitätsklinikum in der Ziegelstraße befand. Rombergs Nachfolger wurde 1865 Wilhelm Griesinger (1817–1868). Neben seinen klinischen und experimentellen Studien kämpfte Romberg zeitlebens gegen die Auswüchse der romantisch-spekulativen Medizin, wozu er wohl auch die Hahnemann'sche Homöopathie und den Wohlfart'schen Magnetismus zählte, oder, wie er es drastisch ausdrückte: »homöopathische, hydropathische und wie das ganze pathische Zeug noch heißen mag«. Anatomie, Physiologie, Pathologie, Physik und Chemie, aber auch das Tierexperiment galten ihm als die naturwissenschaftlichen Methoden, mit deren Hilfe sich die Medizin von ihren naturphilosophischen Anfängen emanzipieren müsse. Der Reform der Medizin widmete Romberg viel Zeit und Kraft. Leyden erinnerte sich an die klassische Vorlesung seines Lehrers: »Alle diese Systeme vergingen [...] gleich jenen Bildern fruchtbarer Landschaften, welche der Günstling Potemkin vor seiner großen Kaiserin Katharina von Rußland aufstellen ließ, um ihr einen nicht vorhandenen blühenden Zustand der südrussischen Provinzen vorzutäuschen. Sie erwiesen sich, als man näher herantrat, als Illusionen, die am nächsten Morgen verschwunden waren.«[2]

Bereits 1840 erschien Rombergs »Lehrbuch der Nerven-Krankheiten des Menschen«, das er in zweiter veränderter Auflage 1851 herausgab. Es galt als das erste Lehrbuch der Neurologie, als das Standardlehrbuch, das in verschiedene Kultursprachen übersetzt wurde. Romberg unterteilte die neurologischen Syndrome in zwei Klassen – die Sensibilitätsneurosen und die Motilitätsneurosen. Speziell für den Gynäkologen sind die zeitgenössischen Zeilen über »Hysteria«, die er als »von Genitalienreizung ausgehende Reflexneurose« beschreibt, neben all dem fachlich Bleibenden amüsant und lesenswert: »Nächst der gesteigerten Reflexerregbarkeit ist das psychische Verhalten bemerkenswerth. Willensschwäche bis zur gänzlichen Willenlosigkeit ist der vorwaltende Zug: daher ein Mangel an geistigem Widerstande, ein Hingeben und

Ueberwältigtwerden von körperlichen und psychischen Eindrücken [...]. Der hysterische Wahlspruch: ›Ich kann nicht dagegen an‹, drückt es treffend aus [...]. Ausser diesem psychischen Charakter, den die Krankheit aufdrückt, mischt sich der Charakter des Geschlechts ein, mit Eitelkeit, Coquetterie, Launenhaftigkeit, Lust zur Uebertreibung und Täuschung, redseliger schwatzhafter Mittheilung. In den Verrichtungen der anderen organischen Systeme bieten sich ebenfalls Veränderungen dar, die wichtigsten im Uterinapparat. Abnorme Absonderungen und Ausleerungen [...], Schleimfluss, unregelmässiger Eintritt und Verlauf der Katamenien. Die Untersuchung weiset in vielen Fällen Anschwellung eines Ovariums nach [...] und die Exploration mittels des Speculum hat belehrende Aufschlüsse über Hyperämie, Entzündung und Ulceration in dem zugänglichen Theile des Uterus [...]. Pathognomonisch ist die reizbare Schwäche, somatische und psychische, in den Intervallen.«

Romberg definierte die Geschlechtsreife zur Bedingung für das Entstehen einer »Hysteria«, aber: »Erhebliche, und durch üppige, schlaffe Lebensweise erworbene Anlage ist unleugbar. Am fruchtbarsten sind schwächende Einflüsse, durch Ueberreizung, oder durch Säfteverlust, besonders der Geschlechtsorgane, onanistische Excesse, aufreizender, nicht befriedigender Coitus, wiederholte Fehlgeburten, schnell aufeinanderfolgende Schwangerschaften und Laktation, Leucorrhöen, Metrorrhagien gehören dahin.«

Nach Aufzählung weiterer somatischer Aspekte schreibt Romberg: »Unter den psychischen Ursachen steht verfehlte Erziehung oben an«[3] und empfahl letztlich zur Behandlung: »Geduld, Theilnahme, Festigkeit« sowie »1) Beseitigung des Reflexreizes, dessen Herd das Uterinsystem ist, 2) Einwirkung auf die Reflexpotenz selbst, 3) Anregung und Bethätigung der Willenskraft«.[3] Noch war die Hysterektomie nicht erfunden und die Ovarektomie war ein sehr hohes Wagnis, doch nach der Lösung der operativ-technischen Fragen versuchte man bald auch auf einem neuen Irrweg der Medizingeschichte, die Hysterie durch Hysterektomie und Ovarektomie zu behandeln. In die eigentliche Medizingeschichte ging er neben der modernen Begriffsprägung »Neurologie« mit den Eponymen Romberg-Syndrom (Obturatorius-Neuralgie) und Romberg-Krankheit (Hemiatrophia faciei) sowie der Nasociliaris-Neuralgie ein.

Geheimrat Moritz Heinrich Romberg starb, national und international verehrt sowie fachlich hochgeschätzt, am 16. Juni 1873 in seiner Berliner Wohnung, Am Zeughaus 1–2.[1]

ADE

Literatur:

1 Schiffer, R. Moritz Heinrich Romberg (1795–1873). In: Holdorff, B. Die Neurologie in Berlin 1840–1945. Aufstieg und Niedergang. Hentrich & Hentrich Verlag, Berlin/Leipzig, 2019, S. 17–26.

2 Leyden, E. v. Lebenserinnerungen. Deutsche Verlags-Anstalt, Stuttgart/Leipzig, 1910, S. 65.

3 Romberg, M. H. Lehrbuch der Nervenkrankheiten des Menschen. 2. Aufl., Verlag von Alexander Duncker, königl. Hof-Buchhändler, Berlin, 1851, S. 203–223 (hier finden sich die Seiten über Hysterie).

Adolf von Bardeleben (1819–1895)

Alter Kirchhof der St. Matthäus-Gemeinde, Feld G, G-S-023, G3, Ehrengrab

Adolf von Bardeleben wurde am 1. März 1819 in Frankfurt an der Oder geboren. Nach dem Abitur studierte er ab 1837 an der Berliner Friedrich-Wilhelms-Universität Medizin. Seine prägenden Lehrer waren Johannes Müller (1801–1858) und Jakob Henle (1809–1885). 1839 ging er an die Universität Heidelberg, wo ihn besonders Friedrich Tiedemann (1781–1861) und Theodor von Bischoff (1807–1882) beeinflussten. In Heidelberg erhielt er von Franz Naegle (1778–1851) eine Assistentenstelle in der geburtshilflichen Klinik. Am 15. Dezember 1841 wurde Bardeleben in Berlin mit einer Arbeit über ausführungslose Drüsen promoviert, die lange Jahre als Standardwerk zu diesem Thema angesehen wurde. Wie damals üblich, unternahm Bardeleben danach Studienreisen, so unter anderem nach Paris, wo er 1843 neben physiologischen Laboratorien auch die dortigen chirurgischen Kliniken besuchte, die unter der Leitung der führenden französischen Chirurgen, wie Jacques Lisfranc (1790–1847), Alfred Armand Velpeau (1795–1867) und Joseph-Françoise Malgaigne (1806–1865), standen. Zurück in Deutschland wurde Bardeleben 1843 Assistent und Prosektor von Theodor von Bischoff und konnte sich in Gießen habilitieren. Er hielt Vorlesungen über Anatomie, Histologie und Physiologie, führte auch Sektionen durch und sammelte so früh pathologisch-anatomische Erfahrungen. 1848 heiratete Bardeleben seine erste Frau, Sohre Auguste. Ihr gemeinsamer Sohn Karl (1849–1918) war Gründer der Anatomischen Gesellschaft und Herausgeber der anatomischen Werke Goethes. Die kleine Universitätsstadt Gießen war damals von der Tätigkeit Justus von Liebigs (1803–1873) geprägt und ein Weltzentrum der Chemie. Liebigs Persönlichkeit und seine Arbeiten beeinflussten auch den jungen Bardeleben. In Gießen kam er mit dem Chirurgen Adolf Wernher (1809–1883) in freundschaftlichen Kontakt. Wernher war »nebenbei« auch Professor der Pathologischen Anatomie und überließ dem jungen Anatomen Bardeleben bald die chirurgische Praxis. Diese Kombination aus physiologischen, pathoanatomischen und klinischen Erfahrungen war es wohl, die das zuständige Ministerium und die Fakultät bewogen, 1849 Bardeleben mit 30 Jahren zum ordentlichen Professor der Chirurgie an die Universität Greifswald zu berufen. Die Situation in Greifswald war noch relativ desolat, so schrieb von Heineke: »[D]ie Medizinische und chirurgische Klinik befanden sich damals in einem kleinen niedrigen, doch tiefen Gebäude, das nichts von einem Krankenhaus an sich hatte; ein etwas höherer Anbau enthielt das Auditorium für beide Kliniken, das auch für die Vorlesung und als Operationssaal diente [...] es war eine schwierige Aufgabe, in solchen Räumen seine Tätigkeit zu beginnen.«[1] Mit den Jahren entwickelte sich Greifswald zu einer bedeutenden Universitätsstadt, nachdem mit Felix (von) Niemeyer (1820–1871) die Innere Klinik und mit Hugo Karl Anton Pernice (1829–1901) die Gynäkologie besetzt wurde und auch so manch anderer Wissenschaftler die prosperierende Fakultät bereicherte. Bardeleben gelang es, bis 1859 einen für damalige Verhältnisse großzügigen und nach neuesten Prinzipien eingerichteten Klinikneubau durchzusetzen. In Greifswald schrieb Bardeleben sein berühmtes »Handbuch der Chirurgie und Operationslehre«, das acht Auflagen erlebte. Er las damals nicht nur über Chirurgie, sondern auch Augenheilkunde und führte den chirurgischen Operationskurs durch, der täglich vier Stunden beanspruchte. In den Greifswalder Jahren beschränkte er sich in der Privatpraxis nicht auf chirurgische Fälle, sondern er behandelte auch die damals von der Chirurgie noch nicht getrennten Frauen- sowie die inneren Krankheiten. Die Vorlesungen und Vorträge Bardelebens hatten häufig einen leicht humoristischen Beiklang. Er erkannte die wissenschaftliche Leistung anderer Kollegen durchaus an, während er »Neuerungen«, denen er (noch) nicht zustimmte, gern mit leichtem Spott abfertigte. Sinnvoll erscheinende Erkenntnisse ließ er in seiner Klinik erproben und wenn diese tatsächlich ein Fortschritt waren, so förderte er sie »mit größtem Eifer«. 1866 wurde Bardeleben als konsultierender Generalarzt ins Hauptquartier der Armee des Prinzen Friedrich Karl von Preußen (1828–1885) gerufen, wo er in den Lazaretten von Sobotka, Turnau und Wartenberg arbeitete. 1868 reiste er nach England und besuchte Joseph Lister (1827–1912) in Edinburgh, um das Listersche Carbolspray-Verfahren auch in Greifswald einzuführen. Doch im gleichen Jahr wurde er bereits zum Nachfolger von Johann Christian Jüngken (1794–1875),

dem Direktor der chirurgischen Klinik der Charité, nach Berlin berufen, wo er nicht nur zum Professor der Chirurgie der Friedrich-Wilhelms-Universität, sondern auch der Militärärztlichen Akademie sowie zum Mitglied der wissenschaftlichen Deputation für das Medizinalwesen bestellt wurde. Der Zustand der von ihm übernommenen Charité-Klinik war schlechter als jener der Greifswalder Klinik, was erneut Aufbauarbeit bedeutete. 1870 wurde Bardeleben zum konsultierenden Generalarzt der Armee des Generals Karl Friedrich von Steinmetz (1796–1877) berufen. Er arbeitete in den Lazaretten von Spichern und Metz, wo er allerdings schwer erkrankte und »es der Kunst Esmarchs (1823–1908) bedurfte, um ihn wieder genesen zu lassen«.

Schon damals war die Realität in der Charité nicht immer einfach. Bardeleben klagte oft über die »verdrießlichen« Schwierigkeiten, denn er war administrativ der Verwaltung unterstellt, die seinen Wünschen zwar möglichst entgegenkam, sie aber nicht immer erfüllte. Außerdem hatte seine Klinik einen geringen Etat, der eine unangenehme Sparsamkeit nötig machte. Auch ein »Rotating« gab es schon: Anfänglich wurden ihm seine Assistenten, das heißt die zu ihm kommandierten Militärärzte, nach kurzer Zeit durch Abkommandierung wieder entzogen und er musste immer wieder »frische Kräfte« anlernen und diese, sobald sie ihm zuverlässige »Gehilfen« geworden waren, wieder entlassen. Später änderte sich dies. Was er jedoch nicht durchsetzen konnte, war der Neubau eines Operationssaals. 1888 wurde Bardeleben zu einem Zeitpunkt an das Krankenbett Friedrich III. (1831–1888) berufen, an dem es jedoch nur noch galt, dem Kaiser über die letzten schweren Tage seines Krebsleidens Trost zuzusprechen.

Bardeleben wurde 1891 durch Kaiser Wilhelm II. (1859–1941) in den erblichen Adelsstand erhoben und erhielt zahlreiche hohe Auszeichnungen. 1892 wählte ihn die noch junge Deutsche Gesellschaft für Chirurgie zu ihrem Vorsitzenden. In wissenschaftlicher Hinsicht verhielt sich Badeleben mehr rezeptiv als produktiv. Größere wissenschaftliche Arbeiten verfasste er in seiner Berliner Zeit nicht mehr, wobei er aber zahlreiche Vorträge publizierte: »Bardeleben war zunächst mit Leib und Seele Arzt. Ebenso wie die Krankheit interessierte ihn der Kranke. Dem Patienten zu helfen, sein Los zu verbessern, ihm Trost und Hoffnung zu gewähren, das war das Ziel, dass er stets im Auge hatte. Stellung und Rang des Patienten war ihm dabei von keiner Bedeutung, auch der Person des Geringsten nahm er sich an.«[1] Er galt den Zeitgenossen als »gerader und offener Charakter« und als ein Meister der Unterhaltung mit glücklichem Humor: »Die gedrungene Gestalt mittlerer Größe mit dem scharf gezeichneten energischen Profil, dem kahlen Scheitel und dem sehr stattlichen, seit langen Jahren weißen Vollbart, hatte wunderbar klare und lebhafte Augen, meist von freundlichem Ausdruck; im Ganzen das Bild der Kraft und Gesundheit. Seine Stimme war von großem Wohlklang, seine Sprache ruhig, mit sicherer Betonung jedes Wortes. Man hatte den Eindruck eines geistvollen lebendigen und energischen Mannes wohlwollender Gesinnung.«[1]

ADE

Literatur:

1 Heineke, W. v.: Adolf von Bardeleben. Nekrolog. Deutsche Zeitschrift für Chirurgie 1896; 42:309–322.

Friedrich Theodor von Frerichs (1819–1885)

Alter Kirchhof der St. Matthäus-Gemeinde, Feld E-SE-001, G3

Friedrich Theodor Frerichs wurde am 24. März 1819 als Sohn eines Gutsbesitzers in Aurich/Ostfriesland geboren. 1838 begann er das Studium der Medizin, aber auch der Naturwissenschaften an der Georg-August-Universität Göttingen, wo er unter dem Einfluss des berühmten Chemikers Friedrich Wöhler (1800–1882) umfangreiche chemische Kenntnisse erwarb, die er in seinen zukünftigen klinischen Studien nutzte.[1] Seine später zum Teil mit Wöhler gemeinsam publizierten chemischen Arbeiten galten lange Jahre als bahnbrechend für das Studium des Stoffwechsels. Nach dem Wechsel nach Berlin erfolgte 1842 das medizinische Examen, woraufhin sich Frerichs als praktischer Arzt in Aurich niederließ, wo er als Operateur und als Ophthalmologe sehr erfolgreich war. Und doch zog es ihn wieder ins universitäre Leben. 1846 ging er an die Universität Göttingen zurück, habilitierte sich dort und wurde schon 1848 außerordentlicher Professor, wobei er Vorlesungen über allgemeine Pathologie schon mit physiologisch-chemischen Fragestellungen vortrug. Wöhler und der Physiologe Rudolf Wagner (1805–1864) zogen ihn zur Mitarbeit an ihrem bekannten »Handwörterbuch der Physiologie« heran. Frerichs übernahm in Göttingen die innere Poliklinik und studierte die Krankheitsprozesse nun im Rahmen der selbstdurchgeführten Obduktionen auf der Grundlage chemischer, physiologischer und histologischer Untersuchungen. Frerichs Studien zum Stoffwechsel machten den jungen Gelehrten schnell bekannt. Bereits 1850 folgte er dem Ruf auf das Ordinariat für innere Medizin (damals »Pathologie und Therapie«) an die Christian-Albrechts-Universität Kiel, wo er das Manuskript über die Bright'sche Nierenerkrankung herausgab.[2] 1852 ging er als Ordinarius an die Schlesische Friedrich-Wilhelms-Universität nach Breslau, wo er den ersten Band seines berühmten Werks »Klinik der Leberkrankheiten« schrieb und damit zum eigentlichen Begründer der Hepatologie in Deutschland wurde.[3] Unter seinen Breslauer Studenten befand sich ein später sehr berühmter junger Mann: Wilhelm Alexander Freund (1833–1917), der zum klinischen Zeichner Frerichs in Breslau wurde und aus dessen

Feder die meisten Situs-Zeichnungen in Frerichs »Leber-Buch« stammten.[4] In Breslau führte Frerichs selbst mehrere hundert Obduktionen durch, reformierte den Unterricht und machte die naturwissenschaftlichen Methoden zum Maß der klinischen Untersuchungen.

1859 berief ihn das zuständige Berliner Ministerium – gegen den herkömmlichen Usus – zum Nachfolger Johann Lukas Schönleins (1793–1864) an die Berliner Friedrich-Wilhelms-Universität. Friedrich Theodor Frerichs wurde hier Direktor der sogenannten »Lateinischen Klinik« (I. Medizinische Klinik) und dirigierender Arzt in der Charité. Gleichzeitig wurde Frerichs zum »Vortragenden Rat« im Kultus-Ministerium sowie zum »Mitglied der wissenschaftlichen Deputation für das Medizinalwesen« bestellt, was ihm großen persönlichen Einfluss und immense Gestaltungsmöglichkeiten bot, die er, wie sein Schüler Carl Anton Ewald (1845–1915) betonte, scheinbar aus Desinteresse an der Sache leider nicht nutzte.

Die Ausstattung der Kliniken war damals noch sehr dürftig, erinnerte sich Bernhard Naunyn (1839–1925): »Das gilt auch für die Frerichssche. Bis zu der Vergrößerung der klinischen Abteilung umfasste sie drei Säle, jeder etwa zu 25 Betten, ein Weiber-Saal, zwei Männer-Säle. Auf jeder der beiden Abteilungen eine ›Theküche‹ und ein Wartezimmer. Ein ganz kleines Amtszimmer für Frerichs, das Auditorium und ein kleines Laboratorium. Die Wasserklosetts waren in den kleinen Abschlägen auf den Sälen; gebadet wurde auf den Sälen hinter einem Bettschirm. Das Laboratorium war ein kleines Zimmerchen mit einem ganz kleinen dunklen Vorraum, beides zusammen höchstens 20 Quadratmeter.«[5] Und weiter schrieb Naunyn: »Auf den Kranken nahm Frerichs nicht immer die angemessene Rücksicht, es konnte schon vorkommen, dass der Kranke ein böses diagnostisches oder prognostisches Wort zu hören bekam; meist konnten aber die Assistenten dafür sorgen, dass er rechtzeitig vorher hinaus gebracht wurde. Übrigens habe ich kaum bemerkt, dass ein Kranker Frerichs deshalb gram war.«[5]

Frerichs war wohl eine eindrucksvolle Persönlichkeit, aber »für den einzelnen Studierenden hatte Frerichs kein Interesse, an seiner Klinik aber, an seiner klinischen Vorlesung hing sein Herz - und mit ihr gab er sich Mühe. Davon, dass er die Fälle vor der Vorlesung studiert hätte, war freilich keine Rede. Er kam etwa eine Viertelstunde vor Beginn der Vorlesungen. Er ließ sich berichten, was es ›Neues‹ gab […] und weiter

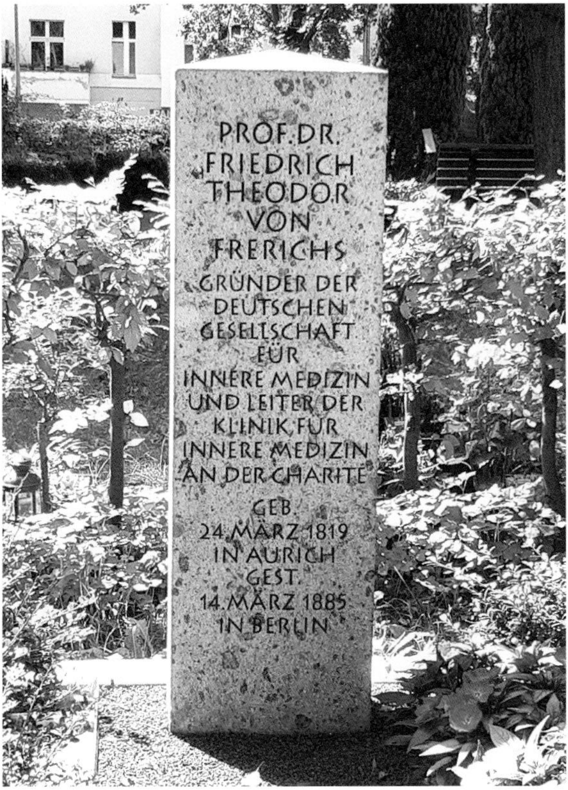

wollte er lieber nichts hören […] Setzte er uns dabei ›aufs Trockene‹, so ging das ab, ohne uns im Geringsten bloßzustellen. Auch sonst hatten wir hierüber nie zu klagen; eine merkwürdige Erscheinung bei dieser rücksichtslosen Natur. Ich hatte immer die Empfindung, dass er uns, seine klinischen Assistenten, in ihrem Dienst so zu sich gehörig ansah, als wären wir seine eigenen körperlichen Organe […] Höchst merkwürdig war Frerichs Stellung zu seinen klinischen Assistenten, die Art wie er uns behandelte […] Im Allgemeinen führte der erste Assistent dem Chef gegenüber das Wort. Frerichs war klug genug, seinerseits aus jener Selbstverständlichkeit die Konsequenz zu ziehen, dass er uns nie ein Zeichen von Misstrauen gab, keine Zurechtweisung, keinen Tadel – so wenig wie eine Anerkennung [...] Ebenso selbstverständlich, wie, dass wir unseren Dienst auf Station zu seiner Zufriedenheit leisteten, war es, dass wir uns wissenschaftlich betätigten und tüchtige Arbeiten zu Tage brachten, was und wie, das war wieder ganz unsere Sache, Frerichs ließ uns gehen und machen wie und was wir wollten. Die einzige Gelegenheit ihn zu sprechen, war unmittelbar vor Beginn der Klinik; nachdem alles für die Vorlesung abgemacht war, standen wir in seinem kleinen Arbeitszimmer vor ihm. Dann ließ er uns gerne über dieses oder jenes wissenschaftliche Problem reden; er sprach auch von mancherlei anderem und in allem traf er oft mit seinen kurzen kritischen Bemerkungen den Nagel auf den Kopf - doch vermied er beinahe geflissentlich dabei alles Lehrhafte, und ein bestimmtes Thema hat er uns nie gestellt, wir haben auch nie darum gebeten. Belehrungen oder Anerkennung gab es auch hier nicht, nur an der Art, wie er sich gab, war zu merken, ob unsere Leistungen ihn befriedigten und wie er von uns dachte. Wer seinen Ansprüchen nicht genügte und ihm keine Achtung abzunötigen wusste, merkte das bald [...] Irgendein persönliches Verhältnis hat er aber zu keinem seiner klinischen Assistentin gehabt. Er lud uns in der ersten Zeit allsemesterlich einmal zu einem Abendessen ein — später hörte das auf.«[5]

1868 heiratete Frerichs die dreißig Jahre jüngere Clara Offelsmeyer, »eine ebenso schöne wie kluge Tochter eines evangelischen Landgeistlichen«, mit der er am Rande des Tiergartens eine »mit solider Pracht und wirklichem Kunstsinn ausgestattete Villa« bezog, die, noch in Teilen existent, heute die Schweizer Botschaft beherbergt.[2] Aus der Ehe stammten drei Kinder. Friedrich Theodor von Frerichs starb reich, geadelt und hochgeehrt am 14. März 1885 in Berlin, der Stadt, mit der er, der Mann aus dem Norden, immer etwas fremdelte. *ADE*

Literatur:

1 Stürzbecher, M. Friedrich Theodor (von) Frerichs. Ostfriesische Landschaft. Aurich, 1997, S. 124–126.

2 Ewald, C.A. »Frerichs, Friedrich Theodor von«. In: Allgemeine Deutsche Biographie. 1885; Onlinefassung; URL: http://www.deutschebiographie.de/.html, letzter Zugriff: 01.10.2019.

3 Franken, F.H. Friedrich Theodor Frerichs (1819–1885). Leben und hepatologisches Werk. Freiburg, 1994.

4 Freund, W.A. Leben und Arbeit. Verlag v. Julius Springer, 1913, S. 1–2.

5 Naunyn, B. Erinnerungen, Gedanken, Meinungen. Verlag J. F. Bergmann, München, 1925.

Wilhelm Griesinger (1817–1868)

Alter Kirchhof der St. Matthäus-Gemeinde, Feld J, J-N-004/005, G2, Ehrengrab

Ein Posten ist vakant, die Wunden klaffen
Der Eine fällt, die Andern rücken nach
Doch fall ich unbesiegt, und meine Waffen
Sind nicht gebrochen. Nur mein Herze brach

Diese Verse von Heinrich Heine zitierte Carl Westphal (1833–1890) in einem Nachruf auf seinen Lehrer und Vorgänger Wilhelm Griesinger, womit er zum Ausdruck brachte, dass der einst von Griesinger angestoßenen Entwicklung in der Psychiatrie die wissenschaftliche Zukunft gehört.[1] Wilhelm Griesinger wurde am 29. Juli 1817 in Stuttgart geboren. Sein Vater, Gottfried Ferdinand G. (1772–1836), war Stiftungs-Verwalter des dortigen Katherinen-Hospitals. Mit seinen Jugendfreunden Carl August Wunderlich (1815–1877) und Wilhelm Roser (1817–1888) besuchte er das Gymnasium und immatrikulierte sich 1834 an der Universität Tübingen für das Medizinstudium. Gemeinsam diskutierten die Kommilitonen die Arbeiten J. v. Škodas, C. v. Rokitanskys und J. Müllers, während ihnen die Tübinger Professoren noch die »romantische« Medizin vortrugen. Unter den Studenten machte sich ein revolutionärer Geist breit und Griesinger war *für* Veränderung: 1837 musste er wegen einer »Studenten-Affaire« die Universität Tübingen verlassen und ging – damals verbotenerweise – nach Zürich, wo er bei Johann Lukas Schönlein (1793–1864) begeistert Vorlesungen hörte. 1838, zurück in Tübingen, promovierte er mit einer Arbeit über Diphterie. Nach einem Studienaufenthalt in Paris ließ sich Griesinger als praktischer Arzt in Friedrichshafen nieder. Sein Freund Wunderlich machte ihn auf eine freigewordene Assistentenstelle in der Württembergischen Irrenanstalt Winnenthal aufmerksam. Griesinger bewarb sich und bekam 1840 die Stelle. Mit dem Anstaltsleiter, Hofrat Dr. Albert Zeller (1804–1877), verband ihn später ein lebenslanges herzliches, ja, freundschaftliches Verhältnis. Griesinger unternahm 1841 erneut eine Studienreise nach Paris und auch nach Wien und gründete 1842 eine Praxis in Stuttgart. Hier begann er sein wissenschaftliches Hauptwerk »Die Pathologie und Therapie der psychischen Krankheiten« zu schreiben, das 1845 erschien und sofort für

Aufsehen sorgte. Griesinger beschrieb die Psychiatrie als empirische Wissenschaft und versuchte, sie von naturphilosophischen Spekulationen zu befreien, lieferte also ähnliche Denkansätze, wie sie für die somatische Medizin bereits gängig waren. Er förderte so die Gleichstellung von psychisch gestörten Personen mit somatisch erkrankten Personen, obwohl dieser enge Zusammenhang noch nicht aufgedeckt war. Eine seiner großen bleibenden Leistungen ist die Kopplung der psychiatrischen Krankheiten an das Gehirn, wie er in seinem Lehrbuch schrieb: »Das Irresein selbst, ein anomales Verhalten des Vorstellens und Wollens, ist ein Symptom; die Aufstellung der ganzen Gruppe der psychischen Krankheiten ist aus einer symptomatologischen Betrachtungsweise hervorgegangen und ihr Bestehen ist nur von einer solchen aus zu rechtfertigen. Der erste Schritt zum Verständnis der Symptome ist ihre Localisation. Welchem Organ gehört das Phänomen des Irreseins an? – Welches Organ muss also überall und immer nothwendig erkrankt sein, wo Irresein vorhanden ist? – Die Antwort auf diese Frage ist die erste Voraussetzung der ganzen Psychiatrie. Zeigen uns physiologische und pathologische Thatsachen, dass dieses Organ nur das Gehirn sein kann, so haben wir vor Allem in den psychischen Krankheiten jedesmal Erkrankungen des Gehirns zu erkennen.«[2] Schon 1843 bat er seinen Freund Wunderlich, wenn auch nach reiflicher Überlegung, ihn nach Tübingen zu holen, wurde dessen Assistent an der Klinik für Innere Medizin und habilitierte sich. 1847 wurde Griesinger zum außerordentlichen Professor für allgemeine Pathologie, Materia medica und Geschichte der Medizin ernannt. Das Revolutionsjahr 1848 scheint im politischen Denken Griesingers eine immense Rolle gespielt zu haben, denn aus dem gegen die Autoritäten aufbegehrenden Studenten, der für ein republikanisches Deutschland eintrat, war ein junger Professor geworden, der nach 1849 nicht mehr bereit war, seine liberal-humanitären Ansichten im politischen Geschehen zum Ausdruck zu bringen, sondern seine liberale Gesinnung ganz auf das medizinisch-psychiatrische Gebiet verlagerte. 1849 erhielt Griesinger einen Ruf auf eine ordentliche Professur an die Universität Kiel, doch die Mentalität und die Infrastruktur der Klinik sagten ihm nicht zu. Zudem fehlte es wegen des Schleswig-Holsteinischen Krieges zeitweise noch an Studenten. Wahrscheinlich nahm er deshalb, kurz nach seiner Hochzeit mit Josephine von Rom (1828–1887), am 1. Mai 1850 die auch damals schon exotische Stelle des Direktors der

Medizinischen Schule, des Präsidenten für das gesamte ägyptische Medizinalwesen sowie des Leibarztes des Vize-Königs von Ägypten Abbas Pascha (1813–1854) in Kairo an. In der ägypischen Hauptstadt arbeitete er eng mit Theodor Bilharz (1825–1862, Beschreiber der »Bilharziose«) zusammen. Um viele klinische und menschliche Erfahrungen reicher kehrte er 1852 nach Stuttgart zurück und schrieb hier sein umfassendes Kapitel über »Infektionskrankheiten« für Virchows Handbuch. Anfang 1854 wurde Griesinger Professor der Inneren Klinik in Tübingen. Nach einigen akademischen Reibereien nahm Griesinger 1860 einen Züricher Ruf in gleicher Position an. Hier organisierte er auch einen psychiatrischen Unterricht und eine psychiatrische Klinik. Rückwirkend wird er Zürich neben Winnenthal als seine glücklichste Zeit im Leben beschreiben. 1864 lehnte Griesinger einen Ruf nach Göttingen ab und nahm stattdessen einen nach Berlin an. Hier leitete er die Psychiatrische und Nervenklinik sowie bis 1867 – um nicht den fachlichen Kontakt zu verlieren – auch die Medizinische Poliklinik. Im gleichen Jahr gründete er das »Archiv für Psychiatrie und Nervenkrankheiten« und die »Berliner medicinisch-psychologische Gesellschaft« (ab 1879 Berliner Gesellschaft für Psychiatrie und Nervenkrankheiten). Seine Vorschläge zur Reform der Psychiatrie brachten ihm erbitterte Gegnerschaften, ja persönliche Feindschaften ein, denn den konservativen Vertretern der Anstaltspsychiatrie gingen seine Vorschläge zu weit. Neben den üblichen Anstalten sollte es auch »Stadtasyle« mit 60 bis 150 Plätzen und kurzer Verweildauer für bestimmte Patienten geben. Die Vernetzung der Anstalten und Asyle mit der kommunalen Krankenversorgung, Hausbesuche, Familienpflege sowie gewaltfreie Behandlungsmethoden waren Teile von Griesingers Konzept, das aber nicht umgesetzt wurde.[2] Das lag sicherlich an seinen fachlichen Gegnern, aber möglicherweise auch an ihm selbst, der, sanguinisch veranlagt, eher den Säbel als das Florett in Wort und Schrift bevorzugte. Griesinger war Mitglied und Ehrenmitglied zahlreicher Fachgesellschaften. Sein Werk ist umfassend. Zu Griesingers bekanntesten Schriften, die ebenso für interessierte Nicht-Psychiater wertvoll sind, zählen neben seinem Lehrbuch »Die Pathologie und Therapie der psychischen Krankheiten, für Aerzte und Studirende dargestellt« (Stuttgart 1845, 1861) auch seine Arbeiten »Ueber Irrenanstalten und deren Weiter-Entwicklung in Deutschland« (1868), »Gesammelte Abhandlungen« (Berlin 1872) und »Zur Kenntnis der heutigen Psychiatrie in Deutschland. Eine Streitschrift gegen die Broschüre des Sanitätsrats Dr. Laehr in Zehlendorf« (Leipzig 1868).

Am 2. Juni 1868 erkrankte Griesinger auf einer Konsultationsreise in Wien. Er starb recht qualvoll an den Folgen einer Blinddarmperforation am 26. Oktober 1868. Sein Grab befindet sich auf dem St. Matthäus-Friedhof in Berlin, schräg gegenüber dem Grabe Rudolf Virchows (1821–1902).

ADE

Literatur:

1 Westphal C. Nekrolog. Nach einer Rede, gehalten zur Gedenkfeier für Griesinger in der Medicinisch-Psychologischen Gesellschaft zu Berlin am 17. November 1860.

2 Schmiedebach HP: Wilhelm Griesinger. In: Treue W, Winau R (Hrsg.) Berlinische Lebensbilder. Band 2: Mediziner. Colloquium Verlag Berlin 1987, S. 108–131.

Bernhard von Langenbeck (1810–1897)

Alter Kirchhof der St. Matthäus-Gemeinde, E – SE – 007/009, Ehrengrab

»Er ist der eleganteste Chirurg aller Zeiten geblieben ...« – so urteilte Carl Ludwig Schleich über seinen Lehrer Bernhard von Langenbeck.[4]

Bernhard Rudolf Konrad Langenbeck wurde am 9. November 1810 in Padingbüttel, einem kleinen Ort in der Nähe von Cuxhaven, im damaligen Kurfürstentum Braunschweig-Lüneburg geboren. Der Vater Georg war Pastor, dessen Bruder Konrad Johann Martin ein berühmter Chirurg und Ordinarius an der Göttinger Universität. Nach dem Besuch des Gymnasiums in Hildesheim begann Langenbeck das Medizinstudium an der Wirkungsstätte des Onkels. 1835 wurde er mit Untersuchungen über die Retina promoviert. Es folgte eine Studienreise nach Holland, Belgien, Frankreich und England. Bereits 1838 konnte er sich habilitieren, drei Jahre später war er außerordentlicher Professor in Göttingen.

1842 erreichte ihn der Ruf auf den chirurgischen Lehrstuhl der Kieler Fakultät. Er blieb sechs Jahre an der Förde, um im brisanten schwarz-rot-goldenen Jahr 1848 als Nachfolger Johann Friedrich Dieffenbachs an das Königlich-chirurgische Klinikum in der Ziegelstraße nach Berlin berufen zu werden. Als kurz danach die Schleswig-Holsteinische Erhebung gegen die Dänen (1848–1851) zum Krieg führte, begab er sich als Militärarzt auf den Schauplatz nach Norddeutschland; er hat dort – wie auch in den späteren Kriegen 1864, 1866 und 1870/71 – als Feldarzt reüssiert. Begeisterung für das Militär ist in der Familie des bewährten Kriegschirurgen unübersehbar: Von den fünf Kindern, die Langenbeck mit seiner Frau Arnoldine (geb. Reinbold, sie stammte aus Hagen) hatte, wurden zwei Söhne Offiziere; Julius fiel bereits in jungen Jahren als Sek.-Lieutenant im Deutsch-Französischen Krieg 1870, Arnold brachte es zum General der Kavallerie. Zwei Töchter heirateten in preußische Offiziersfamilien ein: Elisabeth ehelichte den späteren General Hans v. Plessen; deren drei Söhne wurden ebenfalls Offiziere. Helene von Langenbeck wurde mit dem späteren General Arnold von Roon vermählt – Sohn des damaligen preußischen Kriegsministers Graf Albrecht v. Roon, mit dem v. Langenbeck viel korrespondierte und dem er in dessen letzten Lebenstagen 1879 auch ärztlich zur Seite stand.[3] Nach dem Feldzug Preußens und Österreichs gegen Dänemark 1864 wurde Langenbeck durch König Wilhelm I. in den preußischen Adelsstand erhoben. Am Ende seiner Karriere hatte er den Rang eines preußischen Generalleutnants à la suite inne.

Wissenschaftlich und klinisch hat sich Bernhard von Langenbeck auf fast allen Gebieten der Chirurgie betätigt, er war – wie viele zu seiner Zeit – Generalist. Zu Beginn seiner Tätigkeit gab es noch keine Narkose, so dass schnelles Operieren wegen der Schmerzen und der Zunahme an Wundinfektionen mit längerer Operationsdauer wesentlich war. Langenbeck war besonders bei Amputationen, wofür er mehrere Schnittführungen angegeben hatte, außergewöhnlich schnell. Aus seiner Feder finden sich Berichte über seine kriegschirurgische Tätigkeit. Daneben hat er eine Vielzahl origineller Operationsmethoden entwickelt: unter anderem für Ober- und Unterkieferresektionen, die Uranoplastik (Staphylorrhaphie) bei angeborener Spaltung des Gaumens mit vollständigem Mangel des Processus palatini, Pharynx- und Zungenoperationen, Augenlidresektionen und für die Exstirpation von Uterusmyomen. Weil es für viele Eingriffe noch kein optimales Instrumentarium gab, hat Langenbeck mehrere Instrumente angegeben, von denen sich sein Wundhaken noch heute auf manchem abdominalchirurgischem Sieb befindet. Der technisch vollendete Chirurg stand gleichwohl im Ruf, bei jedem Krankheitsbild zunächst immer auch eine konservative Möglichkeit zu erwägen, bevor das Skalpell sprechen durfte. Zusammen mit Gustav Simon und Richard von Volkmann arbeitete er auf die Gründung der deutschen Gesellschaft für Chirurgie hin, die 1872 in Berlin erfolgte. Sein »Archiv für klinische Chirurgie« gibt es noch heute.[2]

Die Zahl seiner Schüler über einen Zeitraum von mehr als 40 Jahren ist lang. Von sich reden machten Friedrich Trendelenburg, Ordinarius in Rostock, Bonn und Leipzig, der Schweizer Rudolf Krönlein, hernach Ordinarius in Zürich, Albrecht Wagner, später Ordinarius in Königsberg, der als äußerst begabter Chirurg galt und während seiner Zeit als Kriegschirurg im Deutsch-Französischen Krieg 1871 jung verstarb, und Carl Ludwig Schleich, der bereits als Famulus zu Langenbeck stieß.[4] Theodor Billroth, später in Zürich und Wien, hielt der Meister aber wohl für den fähigsten unter seinen Adepten. Es war sein erklärter Wunsch, ihn als Nachfolger in der Ziegelstraße zu sehen: »Ich habe vor einigen

Bernhard von Langenbeck

Tagen meine Entlassung eingereicht und hoffe, sie zum 1. Oktober zu erhalten. Mein sehnlichster Wunsch wäre nun, Sie an meine Stelle treten zu sehen, weil ich Sie den Österreichern nicht gönne und weil ich die Überzeugung habe, daß die Klinik und die Universität durch Sie neu erblühen würde ...«, schrieb er an Billroth.[1] Dieser blieb jedoch in Wien; Ernst v. Bergmann trat die Nachfolge Langenbecks an.

Als Kaiser Wilhelm I. am 2. Juni 1878 Opfer des Attentats durch Karl Eduard Nobiling wurde, erschien unter den vielen Ärzten, die sich um den Schwerverletzten kümmerten, auch Bernhard von Langenbeck. In einem Brief an Albrecht von Roon können wir die dramatische Situation nach den zwei aus einer Schrotflinte abgefeuerten Schüssen nachlesen: »... Ich habe vier Kriege mitgemacht und viel Schreckliches gesehen, niemals habe ich aber einen so schaudervollen, sinnverwirrenden Eindruck gehabt, als beim Anblick des Kaisers ...«.[3] Die Verletzungen selbst erwiesen sich als nicht unmittelbar lebensbedrohend, aber Wundinfektionen forderten damals noch immer viele Opfer. Der damals 81-jährige Monarch erholte sich erstaunlich schnell und sollte noch weitere acht Jahre regieren.

Nach der aktiven Zeit in Berlin wählte Langenbeck Wiesbaden, wo er eine Villa besaß, als Alterssitz. Schleich wusste jedoch zu berichten: »Ein eigenes Geschick brachte ihn um sein Vermögen, und so mußte dieser Fürst der Chirurgie in der neuen Heimat, woselbst er ausruhen wollte von rastloser Arbeit in Krieg und Frieden, noch einmal [...] mit Hammer und Hörrohr treppauf, treppab klappern, um sein täglich Brot zu verdienen.«[4] Bernhard von Langenbeck starb am 29. September 1887 in Wiesbaden. Im aufwendig gestalteten Familiengrab lesen wir auf der Gruftplatte die Worte Jesu: »Ich bin die Auferstehung und das Leben, wer an Mich glaubt, der wird leben, ob er gleich stürbe« (Joh. 11, 25). *UAU*

Literatur:

1 Fischer, J. (Hrsg.) Theodor Billroth und seine Zeitgenossen. Urban & Schwarzenberg, Berlin/Wien, 1929.

2 Killian, H. Meister der Chirurgie und die Chirurgenschulen im gesamten deutschen Sprachraum. Thieme, Stuttgart, 1980.

3 Roon, W. v. (Hrsg.) Denkwürdigkeiten aus dem Leben des Generalfeldmarschalls, Kriegsministers Grafen von Roon. Eduard Trewendt, Berlin, 1905.

4 Schleich, C. L. Besonnte Vergangenheit. Ernst Rowohlt, Berlin, 1922.

Carl Wilhelm Mayer (1795–1868)

Alter Kirchhof der St. Matthäus-Gemeinde, Feld H, H-S-015/016, G4, Ehrengrab

Am 13. Februar 1844 gründete Carl Wilhelm Mayer mit weiteren praktischen Geburtshelfern die »Gesellschaft für Geburtshülfe in Berlin« und wurde ihr erster Vorsitzender. Man traf sich zunächst an jedem zweiten, später auch an jedem vierten Dienstag eines Monats in Mayers Wohnung oder im Lokal »Englisches Haus« in der Berliner Mohrenstraße: »Der Zweck der Gesellschaft für Geburtshülfe ist [die] Beförderung der geburtshülflichen Wissenschaft und Kunst und des kollegialischen Verhältnisses unter den Geburtshelfern.«[1] Die Berliner Gesellschaft ist somit weltweit die zweitälteste geburtshilfliche Fachgesellschaft. Nur in Edinburgh existiert heute noch die 1840 gegründete »Edinburgh Obstetrical Society«, während die 1842 gegründete Dubliner Fachgesellschaft als »Section Gynecology« 1882 in der »Royal Academy of Medicine in Ireland« (RAMI) aufging. In Deutschland gab es allerdings schon die 1795 von Friedrich Benjamin Osiander (1759–1822) in Göttingen gegründete »Gesellschaft von Freunden der Entbindungskunst«, die jedoch bereits 1798 aufgelöst wurde. 1854 rief Johann Christan Gottlieb Jörg (1779–1856) in Leipzig die »Gesellschaft für Geburtshülfe zu Leipzig« ins Leben und »an einem Frühlingsmorgen des Jahres 1858« entstand die »Hamburger Geburtshilfliche Gesellschaft«. Für die Berliner Gesellschaft galt seinerzeit der Grundsatz: »... Je mehr Einwände gegen den Inhalt des Vortrages erhoben, je lebhafter die Diskussionen von allen Seiten geführt werden, um so förderlicher ist es für den Vortragenden wie für die gesammte Gesellschaft.«[1]

Carl Wilhelm Mayer wurde am 25. Juni 1795 in Berlin geboren und am 5. Juli des gleichen Jahres in der Luisenstädtischen Kirche getauft. Sein Vater, Johann Friedrich Ludwig Mayer (1765–1816), war der Stadtchirurg von Berlin, ein geachteter Operateur und Geburtshelfer. Mayers Mutter, Sophie Karoline, starb schon zwei Jahre nach seiner Geburt, sodass die Erziehung des Sohnes völlig in den Händen des vielbeschäftigten Vaters lag. Virchow schrieb: »Auf häufigen Ausflügen in die Nachbarschaft, in die Jungfernheide, den Grunewald und andere Punkte wurde das Auge des Knaben für die Gegenstände der Natur geübt und der Sinn des Sammelns frühzeitig geweckt. Selbst in die Praxis, namentlich zu Operationen, wurde der Sohn später mitgenommen [...], wo er bei einer schweren Augen-Operation in Ohnmacht gefallen war.«[2] Mayer absolvierte 1813 sein Abitur am Berliner Gymnasium zum Grauen Kloster, nahm als Freiwilliger Jäger des I. Breslauer Garderegiments an den Schlachten von Möckern und Leipzig gegen Napoleon teil und begann dann das Medizinstudium an der 1810 gegründeten Berliner Friedrich-Wilhelms-Universität. Das Studium musste sich Mayer nach dem Tod seines Vaters selbst finanzieren. Im Juli 1819 bestand Mayer das Examen rigorosum und wurde zunächst Assistent bei Adam Elias von Siebold (1775–1828), der seit 1816 als erster Professor der Geburtshilfe an der Berliner Universität wirkte. Nach der Approbation als praktischer Arzt und Geburtshelfer im Juni 1821 übernahm Mayer – nach einem bedauerlichen Zerwürfnis mit seinem Chef sicherlich nicht ganz freiwillig – eine Praxis mit geburtshilflichem Schwerpunkt. Mayers besonderes Augenmerk galt der kostenlosen Armenpflege, wobei Virchow andeutete, dass dies auch mit Mayers unüberwindlicher Abneigung gegen ärztliche Rechnungen zusammenhing. Mayer vertrat den Standpunkt, dass der Arzt jene Mittel, die er von Wohlhabenden erhielt, auf arme Patienten »herüberrechnen« müsse.[2] Ab 1832 wurden die Berliner Armenärzte angewiesen, kranke Frauen zur unentgeltlichen Behandlung zu Mayer zu überweisen. Die Ausgaben für Instrumente und andere medizinische Bedarfsartikel wurden von der Stadt übernommen. Carl Mayer publizierte nur relativ wenig, doch seine Arbeiten waren den Zeitgenossen bekannt. Hermann Fehling (1847–1925) bezeichnete das Wirken Carl Mayers in Berlin als den Beginn der »kleinen Gynäkologie«.[3]

Damals bildeten Vereine die wesentliche Grundlage für Kommunikation auf allen Gebieten der Gesellschaft. Es begann die Spezialisierung der Medizin am Übergang von ihrer naturphilosophischen Phase in die naturwissenschaftliche Epoche. Wissenschaftliche Vereine waren wichtige akademische Informationsbörsen, interdisziplinäre Wissenskatalysatoren und die solide Grundlage persönlicher Netzwerke. Der wissenschaftlichen Diskussion musste allerdings auch publizistisch Rechnung getragen werden und so entstanden immer mehr Journale und Periodika. Bereits 1846 erschien auch der erste Band der »Verhandlungen« der jungen Gesellschaft. Noch 1869 äußerte sich Virchow, der

später Ehrenmitglied der Gesellschaft wurde, begeistert: „Schwerlich würde [diese Gesellschaft] entstanden sein ohne die Erweckung des neuen Geistes der Freiheit und der Association, den die politische Stimmung mit sich brachte. Auch waren die Statuten ganz von diesem Geiste diktiert. Nicht der Vortrag, sondern die Diskussion war die Hauptsache; an die Stelle scheuer Heimlichkeit trat sofort die Öffentlichkeit der Protokolle und Verhandlungen, welche durch den reichen Inhalt des Gebotenen anzog und überraschte.« Die Gesellschaft publizierte ihre

Protokolle zunächst in der »Monatsschrift für Geburtskunde und Frauenkrankheiten«, später in der »Berliner Medizinischen Wochenschrift« und dann in der führenden »Zeitschrift für Geburtshilfe und Gynäkologie« sowie im »Zentralblatt für Gynäkologie«.

Dem persönlichen Geschick Carl Mayers, der manchen als »rother Republikaner« galt, war es zu verdanken, dass die Gesellschaft für Geburtshülfe in ihren Anfangsjahren zwischen den wissenschaftlichen Zentren Charité und Universitäts-Frauenklinik nicht nur existieren, sondern auch blühen konnte. Für die Integration der Gesellschaft in das geistig-kulturelle Leben Berlins zeichnete auch die überragende Persönlichkeit Rudolf Virchows verantwortlich, der in seiner Würzburger Zeit die beiden Söhne Mayers, Louis und August, ausbildete. Die Berliner Fachgesellschaft erlangte schnell Popularität unter den Frauenärzten jener Zeit.[4] Führende deutsche Gynäkologen waren Vorsitzende der Gesellschaft und prägten ihre Geschicke, so Robert von Olshausen (1835–1915), Adolf Gusserow (1836–1906), Wilhelm Alexander Freund (1833–1917), Alwin Mackenrodt (1859–1925), Paul Straßmann (1866–1938), Siegfried Hammerschlag (1871–1948), Ernst Bumm (1858–1925), Karl Franz (1870–1926), Walter Stoeckel (1871–1961), Georg A. Wagner (1873–1947), Helmut Kraatz (1902–1983), Willibald Pschyrembel (1901–1987), Hans Igel (1918–2012) u. a. Von den Anfängen der Gesellschaft 1844 bis zum Mauerbau 1961 besetzten ihre Schüler zahlreiche Lehrstühle und Chefarztstellen in ganz Deutschland. Die Berliner Fachgesellschaft, die 2019 ihr 175. Jubiläum feiern konnte, lieferte seinerzeit auch die »Blaupause« für die 1885 in Straßburg gegründete Deutsche Gesellschaft für Gynäkologie (DGGG).

Carl Wilhelm Mayer, der vorausschauende Gründer der heutigen Gesellschaft für Geburtshilfe und Gynäkologie in Berlin (GGGB), starb am 12. Februar 1868. Neben seinem Grab fanden später auch sein Schwiegersohn Rudolf Virchow und dessen Frau Rosalia, Mayers Tochter, ihre letzte Ruhestätte.

ADE

Literatur:

1 Ebert, A. D., Weitzel, H. K. (Hrsg.): Die Berliner Gesellschaft für Geburtshilfe und Gynäkologie 1844–1994. Berlin/New York, 1994.

2 Virchow R. Gedächtnisrede auf Carl Mayer gehalten am 25. Juni 1868. Verlag August Hirschwald, Berlin, 1869, S. 1–32.

3 David, M., Ebert, A. D. Berühmte Frauenärzte in Berlin. Band I.

4 David, M., Ebert, A. D. Berühmte Frauenärzte in Berlin. Band II.

Robert Michaelis von Olshausen (1835–1915)

Alter Kirchhof der St. Matthäus-Gemeinde, Südwand, Feld M-SE-001/002, G3, Ehrengrab

Robert Michaelis Olshausen wurde am 3. Juli 1835 als Sohn des damaligen Kieler Professors für Orientalistik, Justus Olshausen (1800–1882), geboren. In Kiel besuchte er das Gymnasium und begann sein Medizinstudium, wechselte aber nach der Berufung des Vaters an die Albertus-Universität Königsberg ebenfalls nach Ostpreußen. In Königsberg legte Olshausen das Staatsexamen ab und promovierte am 20. Mai 1857. Nach der damals üblichen Bildungsreise durch mehrere europäische Hauptstädte wurde Robert Olshausen am 1. April 1859 Assistent an der Berliner Universitäts-Frauenklinik unter dem Direktorat von Eduard A. Martin (1809–1875). Erstaunlich schnell kam es zum Bruch mit dem Chef, dessen Verhalten und Arbeitsweise von Olshausen als unerträglich empfunden wurden. Im Herbst 1861 ging Olshausen deshalb als Assistent zu Prof. Anton Friedrich Hohl (1789–1862) nach Halle. Doch Hohl starb bereits kurz darauf. Olshausen hatte sich inzwischen einen so guten Ruf erworben, dass die Hallenser Fakultät ihn zur Habilitation aufforderte. 1862 wurde Olshausen Privatdozent und 1863 erfolgte – Olshausen hatte grade einen Ruf als Ordinarius an die Universität Marburg abgelehnt – die Bestellung zum Extraordinarius sowie zum Leiter der geburtshilflichen Klinik. Im April 1864 erfolgte schließlich die Berufung zum Ordinarius der Hallenser Universität.[1] Robert Olshausen war damals noch nicht einmal 30 Jahre alt. Allerdings muss man sich die damaligen klinischen Verhältnisse einer geburtshilflichen Universitätsklinik etwas weniger »großartig« im Vergleich zu den heutigen vorstellen: die Klinik befand sich damals in einem Gebäude mit zehn anderen Institutionen, so unter anderem auch mit dem Universitätskarzer und der Anatomie. Es gab keine Hebamme und noch keinen ärztlichen Mitarbeiter. Die Zahl der Entbindungen lag bei circa 30 pro Jahr! Olshausen setzte einen Neubau durch, der 1879 mit 71 Betten eingeweiht werden konnte. Drei Assistenten arbeiteten nun in der neuen Klinik. Er pflegte gute Beziehungen zu Richard von Volkmann (»Leander«), seinem chirurgischen Amtskollegen, der darauf verzichtete, »gynäkologisch« zu operieren, was zu einer Zunahme der gynäkologischen Patientinnen führte, die vor Olshausens Dienstantritt eher selten waren. Olshausens Leben war ein einziger »Sturmlauf«: 1880/1881 Wahl zum Rektor der Universität Halle; 1881 Ruf an die Schlesische Friedrich-Wilhelms-Universität Breslau (Nachfolge Otto Spiegelberg [1830–1881]); 1885 Gründungsmitglied der Deutschen Gesellschaft für Gynäkologie (gemeinsam mit Wilhelm A. Freund, Franz v. Winkel, Anton Breisky, Bernhard S. Schultze); 1886 Ruf nach Leipzig (Nachfolge C.S.F. Credé [1819–1892]); 1887 Ruf an die königliche Friedrich-Wilhelms-Universität Berlin (Nachfolge Carl Schröder [1838–1887)]/Berufungsliste: Olshausen [Halle], Breisky [Wien], Fritsch [Breslau]); 1887/88, 1889/1891 und 1893/1894 Vorsitzender der Gesellschaft für Geburtshülfe und Gynäkologie zu Berlin (GGGB, gegründet 1844, seit 1894 Ehrenvorsitzender) sowie 1899 Vorsitzender der Deutschen Gesellschaft für Gynäkologie (Kongress in Berlin). Im klinischen Mittelpunkt seiner ärztlichen Tätigkeit stand neben der Geburtshilfe die Weiterentwicklung der operativen Techniken und der strengen Antiseptik.[2] Im Rahmen des Berliner Berufungsverfahrens schrieb Heinrich Fritsch (1844–1915), ein Hallenser Assistent Olshausens und nunmehriger Ordinarius in Breslau, der ad tertio loco auf der Berliner Berufungsliste stand, am 1. März 1897: »Olshausen ist mein Lehrer, und Sie werden es deshalb begreiflich finden, dass ich ihn hoch verehre und warm für ihn eintrete [...]. Er ist ein nobler und pflichteifriger Mann, fleissig und gewissenhaft [...] und wer 24 Jahre Direktor einer Klinik ist, versteht zweifellos sein Fach. Olshausen ist eine sehr vorsichtige, kalte Natur. Er hat eigentlich keine Freunde [...] So ist auch sein Vortrag kühl, langweilig, nie etwas frisch oder anregend. Aber wer aufpaßt, wer darüber hinwegsieht, der lernt bei ihm viel ... [...] Mit unendlicher Mühe wand sich Olshausen durch englische Bücher durch, die zu lesen er für seine Pflicht hielt. Niemals ist Olshausen literarisch angegriffen. Er war viel zu vorsichtig [...]. Olshausens Name ist mit dem Aufschwung der Ovariotomie verknüpft. Fast widerwillig wurde er von uns Assistenten zum Operieren gedrängt [...]. Olshausen würde stets zugeknöpft und vorsichtig, pflichteifrig und anständig handeln. Das einzige ›Aber‹ ist seine Gesundheit. Er ist sehr zart, konnte nur bei völliger Einheimsung seine Pflichten erfüllen und würde, glaube ich, die Berliner Anstrengungen nicht aushalten. Ich bin Olshausen mein Leben lang dankbar für seine Unterstützung, aber ich wünsche ihm nicht mehr Arbeit [...]. ›In Halle ist er der Erste – in Berlin sehr wenig.‹ Das sagte er

mir einmal als Schröder nach Berlin kam und er übergangen wurde.«[3] Olshausen wurde trotz dieses »Gutachtens« nach Berlin berufen und sein »dankbarer« Schüler Fritsch ging später von Breslau nach Bonn. Zu den wesentlichen Verdiensten eines Hochschullehrers zählte – damals wie heute – die Gründung einer »Schule«. Zu den bekanntesten Schülern und Mitarbeitern R. M. v. Olshausens zählen unter anderem Heinrich Fritsch (1844–1915, Ordinarius in Breslau und Bonn), Carl J. Gauß (1875–1957, Ordinarius in Würzburg), Sigfried Hammerschlag (1871–1848, Chefarzt in Neukölln und Meshed), Max Henkel (1870–1941, Ordinarius in Jena), Carl Keller (1859–1924, Chefarzt in Charlottenburg);

Alfred Koblanck (1863–1928, Chefarzt im Rudolf-Virchow-Klinikum), Otto E. Küstner (1850–1931, Ordinarius in Dorpat und Breslau), Erich Opitz (1871–1926, Ordinarius in Gießen und Freiburg), Carl Ruge sen. I (1846–1926, Gynäkopathologe), Georg Winter (1856–1946, Ordinarius in Königsberg) und Wilhelm Zangemeister (1871–1930, Ordinarius in Marburg und Königsberg). Daraus folgt, dass die deutsche Frauenheilkunde Olshausen eine große Schar akademischer und klinischer »Enkel« zu verdanken hat. Zu den Berliner Werken Olshausens, die die deutsche Frauenheilkunde am stärksten beeinflussten, zählt sein mit Veit herausgegebenes geburtshilfliches Lehrbuch. Für seine Verdienste um das Fachgebiet und die königliche Friedrich-Wilhelms-Universität Berlin wurde Robert Olshausen 1910 – im 100. Gründungsjahr der Berliner Universität – von Kaiser Wilhelm II. mit der Verleihung des erblichen Adelstitels geehrt. Wenige Sätze charakterisieren das Denken Robert von Olshausens so sehr, wie die folgenden: »Der Konservatismus hat die Aufgabe, an dem Alten, Erprobten festzuhalten, dafür zu sorgen, dass es nicht durch Schlechteres unberechtigter Weise verdrängt und ersetzt werde. Es soll auf dem Alten den Fortschritt der Wissenschaft aufbauen, nicht das Neue als solches perhorresciren [...]. Die Extreme beider Richtungen sind das Verkehrte, das Hindernis des wahren Fortschritts, den wir Alle wollen. Die Wahrheit liegt, wie immer, auf dem schmalen Pfad der Mitte, den einzuhalten wir immer bestrebt sein müssen, stets eingedenk des ›judicium difficile, experienta fallax‹. Bei allem Neuen aber muss es heißen: Erst wägen, dann wagen.«[4]

Olshausen war seit dem 26. Januar 1865 mit Georgine Rathgen (1842–1911) verheiratet, mit der er seine vier Kinder Margarete (1866–1956), Georg (1868–1903), Justus (1870–1948) und Siegfried (1874–1950) hatte. Robert von Olshausen verstarb hochgeehrt am 1. Februar 1915 in Berlin.

ADE

Literatur:

1 Küstner, O. Robert von Olshausen†. Zbl Gynäkol 1915;39:177–185.
2 Winter, G. Robert von Olshausens wissenschaftliches Lebenswerk. Z Geburtsh Gynäkol 1915;LXXVII:656–734.
3 Pritze, W., Ebert, A. Robert von Olshausen. Wegbereiter der operativen Gynäkologie. In: Ebert, A. D., Weitzel, H. K. (Hrsg.) Die Berliner Gesellschaft für Geburtshilfe und Gynäkologie 1844–1994. DeGruyter Verlag, Berlin/New York, 1994, S. 65–75.
4 Olshausen, R. v. Über Konservatismus und Fortschritt in der gynäkologischen Therapie. Verhandlungen der Deutschen Gesellschaft für Gynäkologie 1899;8:1–8.

Rudolf Virchow (1821–1902)

Alter Kirchhof der St. Matthäus-Gemeinde, Feld H-S-012/013, Gräberkartei 2, Ehrengrab

»Die wahren Hinterlassenschaften großer Männer sind aber weniger materielle Güter als vielmehr entwicklungsfähige Ideen.«[1] Diesen erstaunlichen Satz formulierte der erst 24-jährige Rudolf Virchow (1821–1902) während einer Festrede in der sogenannten Pépinière, dem medizinisch-chirurgischen Friedrich-Wilhelms-Institut in Berlin, wo er Medizin studiert hatte.

Geboren wurde Rudolf Virchow am 13. Oktober 1821 in Schievelbein in Pommern. Von 1839 bis 1843 studierte er an der Pépinière, wurde 1843 Unterarzt und im gleichen Jahr promoviert. 1844 übernahm er eine neugegründete Abteilung für chemische und mikroskopische Arbeiten als Assistent von Robert F. Froriep (1804–1861), dem Prosektor der Charité. Nachdem Virchow dessen Nachfolge zunächst kommissarisch übernommen hatte, wurde er 1846 dessen offizieller Nachfolger und habilitierte sich wenig später. Im gleichen Jahr gründete er gemeinsam mit seinem Freund, dem Patho-Anatomen Benno E. H. Reinhardt (1819–1852), das »Archiv für pathologische Anatomie und Physiologie und für klinische Medizin« (seit 1903 »Virchows Archiv«). In den Jahren 1848/1849 gab er außerdem noch die medizinpolitisch-kritische Wochenschrift »Die medizinische Reform« heraus, in der er unter anderem die Einrichtung eines deutschen Reichsministeriums für öffentliche Gesundheitspflege und die Abschaffung der militärärztlichen Akademie gefordert hatte.[2]

Schon in dieser Zeit erwies sich Rudolf Virchow als ein politisch engagierter, insbesondere dem überalterten preußischen Medizinalwesen gegenüber kritischer Arzt. Sein soziales Engagement begann im Alter von 27 Jahren, nämlich 1848, als die preußische Regierung ihn als Mitglied einer Delegation vom 20. Februar bis 10. März 1848 nach Oberschlesien zur Untersuchung der als Fleckfieberepidemie eingestuften Situation schickte. Die Reise bezeichnete er noch am Ende seines Lebens als entscheidend für seine politische Laufbahn.[1] Der als Ergebnis von ihm vorgelegte Bericht »Mittheilung über die in Oberschlesien herrschende Typhusepidemie« (1849) war eine »freimütige Darlegung der Unterlassungssünden der Regierung und Vorschläge zu eingreifenden sozialpolit. Reformen«.[2]

Im Vordergrund seiner gesundheitspolitischen Bemühungen in Berlin stand die Gründung von Krankenhäusern, wofür er schon 1848 grundsätzliche, heute noch aktuelle Forderungen formulierte: »Das erste Erfordernis einer guten Krankenanstalt ist demnach, dass sie so eingerichtet sei, dass das Wohl der Kranken in jeder Weise gefördert werden kann. Es darf also gar nicht in Frage kommen, wieviel Geld eine solche Anstalt kostet. Entweder erkennt man die Verpflichtung der Gesamtheit, des Staates und der Gemeinde an, und dann muss auch das Geld geschaffen werden, oder man erkennt sie nicht an, aber dann sage man nicht erst, dass eine öffentliche Gesundheitspflege existiere ...«.[1]

Virchow war 1849 aus politischen Gründen vom Dienst an der Charité suspendiert worden, sodass er den an ihn im gleichen Jahr ergangenen Ruf auf den Lehrstuhl für Pathologie der Universität Würzburg annahm. Erst nachdem alle seine Forderungen, unter anderem der Bau des ersten Instituts für Pathologie in Deutschland, erfüllt worden waren, kehrte er 1856 als Lehrstuhlinhaber und Direktor dieses Instituts, das er bis zu seinem Tode leitete, an die Berliner Charité zurück.

Rudolf Virchow gilt als einer der wesentlichen Begründer und Verfechter der Medizin als Naturwissenschaft, die sich auf der Zellularpathologie begründet. Die theoretischen Vorstellungen Rudolf Virchows, die mit seinen Veröffentlichungen in den Jahren 1847 und 1849 begannen, nämlich »Ueber die Standpunkte in der wissenschaftlichen Medicin« (1847) und »Die naturwissenschaftliche Methode und die Standpunkte in der Therapie« (1849), sind als revolutionär zu bezeichnen. Schon 1845 hatte er formuliert: »Die Medizin will nicht bloß eine einige Wissenschaft, sie will Naturwissenschaft, und zwar die höchste und schönste Naturwissenschaft sein.«[1] Seine allgemeine Auffassung über die Zelle erweiterte Virchow noch durch ein weiteres Prinzip, das besagt, dass Zellen nur aus Zellen entstehen und dass eine Neuentstehung unter pathologischen Bedingungen nicht zu grundsätzlich neuen Elementen führen kann: »Ich formuliere die Lehre von der pathologischen Generation, von der Neoplasie im Sinne der Zellularpathologie einfach: Omnis cellula e cellula.«[1]

Und auch für die Begründung und den Ausbau der sogenannten Gynäkopathologie spielte Rudolf Virchow eine entscheidende Rolle. Erst

etwa Mitte des 19. Jahrhunderts befasste sich die mikroskopische Anatomie auch mit den weiblichen Genitalorganen. Der junge Virchow wurde in seinen ersten Berliner Jahren von der Mitgliedschaft in der Berliner Gesellschaft für Geburtshülfe geprägt, der Gründer Carl Wilhelm Mayer (1795–1868) wurde sein Schwiegervater, und befruchtete seinerseits mit seinen Vorträgen auch das Leben dieser wissenschaftlichen Gesellschaft. Hier wurde er vermutlich auch zu weiteren Fragestellungen angeregt. – Nur selten kann man in der Medizingeschichte einen Begriff eindeutig auf seinen Erstbeschreiber zurückführen. Die Bezeichnung »Myom« prägte nach übereinstimmender Quellenlage Rudolf Virchow in der Mitte des 19. Jahrhunderts. Neben den berühmten Vorlesungen über »Cellularpathologie in ihrer Begründung auf physiologische und pathologische Gewebelehre« 1858, ist aus medizinhistorisch-gynäkopathologischer Sicht auch die Vorlesungsreihe über »Krankhafte Geschwülste« wichtig, die Virchow während des Wintersemesters 1862/1863 hielt.[3] Diese insgesamt 30 Vorlesungen wurden 1867 in mehreren Teilen veröffentlicht; die dreiundzwanzigste Vorlesung vom 28. Februar 1863 trägt den Titel »Myome«.[4] Rudolf Virchow war nach seiner Rückberufung nach Berlin hier nicht nur als Pathologe, sondern auch als Anthropologe, Archäologe (mit Heinrich Schliemann (1822–1890) in Troja), Kommunalhygieniker und Politiker tätig, so unter anderem ab 1880 als Reichstagsabgeordneter, 1893 als Rektor der Berliner Friedrich-Wilhelms-Universität und natürlich auch als Herausgeber von Zeitschriften und Sammelwerken. Am 5. September 1902 starb er in Berlin.[2]

Auch dieser Versuch eines, kurzen Überblicks über das monumentale Werk Virchows muss sich seinem kritischem Blick auf die (Medizin-) Geschichte stellen: »[D]as ist keine Historie, die sich damit begnügt, eine Reihe abgerissener [...] und vereinzelter Sätze aus allen Zeitaltern hinter einander aufzuführen, nur um des Scheines der Gelehrsamkeit willen, und ohne jede wahrhafte Einsicht in die Bedeutung des Gesagten, wie sie sich nur in dem Lichte seiner Zeit, bei voller Kenntnis aller damals gültigen wissenschaftlichen Voraussetzungen ergiebt. Wir Aelteren wissen diesen Unterschied wohl zu schätzen, da wir aus eigener Erfahrung nur zu gut beurteilen können, welcher Unsinn einem Manne der früheren Zeit zugeschrieben werden kann, wenn man einen einzelnen seiner Sätze herausgreift und daran seine nachgeborene Weisheit erprobt.«[5]

MD

Literatur:

1 David, H. Rudolf Virchow (1821–1902). Zellularpathologe und Gesundheitspolitiker – seine Bedeutung für uns und heute. Veröff. Med. Ges. 1999:5 – 18.

2 Pagel, J. L. Biographisches Lexikon hervorragender Ärzte des neunzehnten Jahrhunderts. Mit einer historischen Einleitung. Urban & Schwarzenberg, Berlin/Wien, 1901.

3 Dohm, G. Geschichte der Histopathologie. Springer-Verlag, Berlin – Heidelberg – New York, 2001, S. 607–648.

4 Virchow, R. Die krankhaften Geschwülste. Dreißig Vorlesungen gehalten während des Wintersemesters 1862–1863 an der Universität zu Berlin. III. Band, I. Hälfte. Dreiundzwanzigste Vorlesung, 28. Februar 1863. Myome. Verlag von A. Hirschwald, Berlin, 1867, S. 96–232.

5 David, H. Rudolf Virchow und die Medizin des 20. Jahrhunderts, hrsg. von W. Selberg, H. Hamm. Quintessenz-Verl., München, 1993, S. 12.

Kurt Warnekros (1882–1949)

Friedhof Grunewald, Feld V -2 -5

»Das Werk Warnekros eröffnet einen neuen Weg wissenschaftlicher Forschung [...] Die Studien über die Beziehungen von Mutter und Kind während der Schwangerschaft müssen an der Hand dieses Verfahrens, sie im Röntgenbild objektiv zu kontrollieren, einer weitgehenden Nachprüfung unterzogen werden. Es sind prachtvolle Bilder, die uns hier geboten werden.«[1] So euphorisch äußerte sich August Martin (1847–1933), einer der maßgebenden zeitgenössischen deutschen Gynäkologen, über das von Kurt Warnekros 1914 publizierte Buch »Schwangerschaft und Geburt im Röntgenbild«, dessen Aufnahmen noch heute beeindrucken. Warnkekros publizierte 1918 und 1921 seine in zwei illustrierten Bänden zusammengefassten Erfahrungen und Erkenntnisse (mit zahlreichen Röntgenaufnahmen). Dies war möglich geworden, nachdem sich in den ersten Jahren des 20. Jahrhunderts die Röntgentechnik und damit -diagnostik so weiterentwickelt hatten, dass Röntgenaufnahmen während einer Geburt technisch möglich wurden. Warnekros hatte nun erstmals »größere Beobachtungsreihen der Geburt mit Röntgenaufnahmen angestellt, um so den Ablauf des Geburtsvorganges zu analysieren [...]. [Außerdem] konnten der Lösungsmechanismus, das Tiefertreten und die Ausstoßung der Plazenta bis in die einzelnen Phasen ihres Ablaufes beobachtet und festgehalten werden.«[2]

Kurt Warnekros wurde als Sohn des Geheimen Medizinalrates Prof. Dr. Ludwig Warnekros (1855–1920), dem späteren ersten Professor für Zahnheilkunde am Berliner Zahnärztlichen Institut, am 15. November 1982 in Neustrelitz (Mecklenburg) geboren. Viele seiner Vorfahren waren Professoren der medizinischen Fakultät an der Greifswalder Universität. Eine Beschreibung seines Medizinstudiums findet sich in einem »Lebenslauf«, der in üblicher Weise am Ende der 1908 von Warnekros vorgelegten Dissertation zu finden ist: »Ich besuchte zunächst die Universität Berlin, wo ich (Herbst 1904) die ärztliche Vorprüfung absolvierte; genügte darauf im Winter 1904/05 meiner Wehrpflicht in Würzburg und kehrte schließlich nach Berlin zurück, wo ich im Herbst 1907 mein ärztliches Staatsexamen bestand. Als Medizinalpraktikant war ich vom 1. Oktober 1907 bis zum 1. Januar 1908 im pathologischen Institut der Universität [...] und vom 1. Januar bis 31. September 1908 auf der Männerabteilung des medizinisch-poliklinischen Universitätsinstituts [...] tätig, mit einer Unterbrechung von zweieinhalb Monaten, in welcher Zeit ich in London Operationen von Sir Victor Horsley beiwohnte. Die Zeit vom 1. Oktober bis zum 15. Dezember 1908 verbrachte ich als Medizinalpraktikant in der Universitäts-Frauenklinik (Geheimrat Prof. Dr. Olshausen).«[3]

1909 wurde Kurt Warnekros Assistent an der Charité-Frauenklinik bei Geheimrat Ernst Bumm (1858–1925), der ihn mitnahm, als er die Nachfolge Robert von Olshausens (1835–1915) an der Universitäts-Frauenklinik in der Berliner Artilleriestraße antrat. 1912 wurde er dort sein zweiter Oberarzt, 1914 habilitierte er sich. Während des Ersten Weltkrieges diente Warnekros ab Sommer 1914 als Oberarzt und wurde 1916, mit dem Eisernen Kreuz II dekoriert, als Stabsarzt der Reserve entlassen. Im gleichen Jahr wurde er außerordentlicher Professor und 1920 erster Oberarzt Bumms.[4]

Nach dem plötzlichen Tod des von ihm hochverehrten Lehrers leitete Kurt Warnekros vom 2. Januar bis 31. Oktober 1925 kommissarisch die Berliner Universitäts-Frauenklinik, wurde aber nicht dessen Nachfolger, sondern am 1. November 1925 Direktor der Staatlichen Frauenklinik und Hebammenlehranstalt in Dresden. Angeblich war dieser Wechsel von Walter Stoeckel (1871–1961), dem Nachfolger Bumms in Berlin, »vermittelt« worden und beinhaltete gleichzeitig den Wechsel des wegen eines ärztlichen Kunstfehlers suspendierten Warnekros-Vorgängers Erwin Kehrer (1874–1959) von Dresden nach Marburg.[5]

»Während seine lange Assistenten- und Oberarzttätigkeit bei Bumm (1910–1924) eine Zeit regen wissenschaftlichen Schaffens war«,[6] begann in Dresden Warnekros' eigentliches klinisch-praktisches Lebenswerk. Warnekros leitete die Frauenklinik von 1925 bis wenige Monate vor seinem Tod im September 1949 und machte sie (wieder) zu einer der führenden und großen Frauenkliniken in Deutschland. Da »sich mit seinem Können ein gewinnendes Wesen paarte, wurde er bald über die

Grenzen Deutschlands hinaus bekannt und war vielfach zu Konsultationen, Entbindungen und Operationen im Ausland«.[6]

Auch dieser internationale Ruf bewahrte ihn wohl vor Repressalien während der NS-Zeit, obwohl er weiterhin jüdische Patientinnen behandelte, bei Zwangsarbeiterinnen keine Zwangsabtreibung vornahm und Frau und Tochter des Generals Friedrich Olbricht (1888–1944), einem der Mitverschwörer des 20. Juli 1944, später bei der Flucht unterstützte.[4]

Ernst Philipp (1893–1961), der Warnekros aus seiner Assistentenzeit in Berlin kannte, umreißt in seinem Nachruf dessen Forschungs- und Arbeitsgebiete und schreibt, dass Warnekros durch die Herausgabe des bereits erwähnten ersten röntgenologischen Atlas der Geburtshilfe bekannt wurde.

Aus heutiger Sicht ist es erstaunlich, dass sich die geburtshilfliche Röntgendiagnostik in den folgenden Jahren nicht durchsetzen konnte, obwohl bis zum Beginn der Ära des Ultraschalls keine anderen bildgebenden Verfahren in der Geburtshilfe existierten.

Philipp erwähnte außerdem Warnekros' intensive Beschäftigung mit der Röntgentiefentherapie von Karzinomen, wofür er ein besonderes Spekulum konstruierte. Aber »als Bumm-Schüler war er nicht einseitiger Strahlentherapeut, vielmehr wurden die Kollumkarzinome, wenn irgend möglich, nach Wertheim operiert. Hier war er mit seiner eleganten, schnellen und absolut einwandfreien Operationstechnik ein Meister.«[6]

Warnekros ist allerdings heute nicht durch diese diagnostischen oder therapeutischen Leistungen bekannt, sondern durch eine der ersten geschlechtsangleichenden Operationen bei dem aus Dänemark stammenden Maler Einar Wegener (1882–1931), später Lili Elbe, die er vermutlich 1930 und 1931 in der Frauenklinik in Dresden vorgenommen hat. Über Art und Umfang der operativen Teilschritte und darüber, ob tatsächlich sowohl Ovargewebe verpflanzt als auch eine Uterustransplantation versucht wurde oder werden sollte, existieren keine wissenschaftlich belastbaren Unterlagen. Warnekros selbst hat nie etwas zu diesem »Fall« publiziert, vielleicht auch deshalb, weil die Patientin drei Monate nach einer – vierten oder fünften – von ihm durchgeführten Operation im September 1931 starb.

Angelehnt an die Lebensgeschichte Lili Elbes und den gleichnamigen Roman des US-amerikanischen Autors David Ebershoff (geboren 1969), entstand 2015 der international erfolgreiche Hollywood-Film »The Danish Girl« mit dem deutschen Schauspieler Sebastian Koch (geboren 1962) in der Rolle des Kurt Warnekros. *MD*

Literatur:

1 Martin, A. Buchanzeigen. Monatsschr Geburtsh Gynäkol 1918;48:78–79.

2 Möbius, W. Geburtshilfliche Strahlen- und Röntgendiagnostik. Grundlagen, Methodik und praktische Anwendung. Akademie-Verlag, Berlin, 1967.

3 Warnekros, K. Ueber die Funktion des M. constrictor pharyngis superior bei der Sprache unter normalen und pathologischen Verhältnissen. Inauguraldissertation. Medizinische Fakultät der Friedrich-Wilhelm-Universität Berlin. L. Schumacher, 1908.

4 David, M., Lienert, M., Ebert, A. D. Vor 100 Jahren – »Schwangerschaft und Geburt im Röntgenbilde« von Kurt Warnekros. Geburtsh Frauenheilk 2018;78:1036–1038.

5 Reißmann, K. Die Entwicklung der Frauenheilkunde in Dresden von ihren Anfängen bis 1945. Dissertationsschrift. Medizinische Fakultät Karl Gustav Carus der Technischen Universität Dresden, Dresden, 2005.

6 Philipp, E. Kurt Warnekros †. Geburtsh Frauenheilkunde 1949;9:942–943.

Karl Bonhoeffer (1868–1948)

Landeseigener Friedhof Heerstraße, Abtlg. II W12 – 286/287, Ehrengrab

Karl Ludwig Bonhoeffer wurde am 31. März 1868 als Sohn des württembergischen Juristen und Landgerichtspräsidenten Friedrich von Bonhoeffer in Neresheim geboren. Bedingt durch den Staatsdienst des Vaters zog die Familie mehrmals um: nach Heilbronn, Ravensburg, Tübingen und zuletzt, nachdem die Kinder schon aus dem Haus waren, nach Ulm. Nach dem Abitur und kurzem Militärdienst in Stuttgart studierte Karl Medizin in Tübingen, in Berlin, wo er eine prägende Begegnung mit dem Historiker Theodor Mommsen hatte, in München und schließlich wieder in Tübingen. 1892 wurde er in der Neckarstadt zum Doktor der Medizin promoviert.[3]

Bestimmend war für den jungen Arzt die Annahme einer Assistentenstelle an der Universitäts-Nervenklinik Breslau unter Carl Wernicke, dem Beschreiber der sensorischen Aphasie. Bereits 1897 konnte sich Bonhoeffer mit Untersuchungen zum Alkoholdelir habilitieren. 1898 übernahm er eine Stelle als »Privatdozent und dirigierender Arzt der Beobachtungsstation für geisteskranke Gefangene zu Breslau«. Im gleichen Jahr heiratete er Paula von Hase, Tochter des Breslauer Theologieprofessors Karl Alfred von Hase – eine musikalische, kunstsinnige Frau.[3]

Der Gefängnispsychiater hatte inzwischen durch Fachpublikationen auf sich aufmerksam gemacht: über »großstädtisches Bettel- und Vagabundentum«, »posthemiplegische Bewegungsstörungen« oder »Geisteskrankheiten der Gewohnheitstrinker«. Der erste Ruf erreichte ihn 1903 aus Königsberg – der Geburtsstadt seiner Frau. Die Bedingungen, die er dort vorfand, waren gleichwohl kaum akzeptabel, weshalb er 1904 bereits den nächsten Lehrstuhl im badischen Heidelberg als Nachfolger des berühmten Emil Kraepelin annahm, um nur Monate später dem Ruf aus Breslau an seine alte Klinik als Erbe seines ehemaligen Chefs

Wernicke Folge zu leisten. Bis 1912 war Karl Bonhoeffer »Direktor der Königlichen Psychiatrischen und Nervenklinik der Universität Breslau«. Neben den bereits angerissenen Aspekten der Neurologie und Psychiatrie, die Bonhoeffer im Gegensatz zu Emil Kraepelin als notwendige Einheit ansah, beschäftigte er sich in seiner Breslauer Zeit intensiv mit der Beschreibung und Ordnung der symptomatischen Psychosen und exogenen Reaktionstypen im Gegensatz zu den endogenen. Bonhoeffer galt etwas in der Fakultät der schlesischen Metropole; der Kontakt zu dem Pädiater Adalbert Czerny, den er später in Berlin wiedertreffen sollte, war besonders eng.[3]

Bonhoeffers Berufung auf das Berliner Ordinariat 1912 zeigt die Reputation, die er inzwischen genoss. Die Nachfolge in Breslau trat der aus München kommende Kraepelin-Schüler Alois Alzheimer an. Zunächst wohnten die Bonhoeffers im Hansaviertel in der Nähe des Schlosses Bellevue, von 1916 bis 1935 im »Professorenviertel« in der Kolonie Grunewald, danach im Westend. Der Position entsprechend kam eine Reihe von Funktionen und Ämtern auf Bonhoeffer zu, darunter die Herausgeberschaft der »Monatsschrift für Psychiatrie und Neurologie«.[2]

Wegen seines Alters blieb Bonhoeffer von 1914 bis 1918 eine feldärztliche Tätigkeit erspart. Der Krieg nahm der Familie den zweitältesten Sohn Walter; Karl-Friedrich, der älteste, und Klaus, der Drittgeborene, durften glücklich heimkehren. Im »Professorenviertel« in Berlin-Grunewald kam es bald zu nachbarschaftlichem, freundschaftlichem und durch Heiraten auch verwandtschaftlichem Kontakt zu den Familien Delbrück, von Harnack und von Dohnanyi, deren Kinder im selben Alter waren. Karl-Friedrich, verheiratet mit Margarete von Dohnanyi, reüssierte als Professor für Physikalische Chemie in Frankfurt, Leipzig, Berlin und Göttingen. Klaus wurde als Jurist Chefsyndikus der Lufthansa, er heiratete Emmi Delbrück. Für Dietrich, evangelischer Theologe und Symbolfigur des christlichen Widerstands gegen den Nationalsozialismus, will fast nur die Zuschreibung als Märtyrer passen.

Wird Karl Bonhoeffer heute erwähnt, dann hauptsächlich als Vater des berühmten Theologen oder wegen seiner Tätigkeit als Beisitzer im Erbgesundheitsobergericht und später als Gutachter in Zwangssterilisationsverfahren in Folge des Gesetzes zur Verhütung erbkranken Nachwuchses.[2] Hier ist nicht der Platz, um sich an einer abschließenden Beurteilung diesbezüglich zu versuchen. Angemessen erscheint in einer

Zeit, die Gesten der Empörung und Selbsterhöhung gegenüber früheren Generationen liebt, eher Dankbarkeit, dass man vor Entscheidungen, die damals für viele zu treffen waren, bisher bewahrt blieb. Klaus von Dohnanyi, Enkel von Karl Bonhoeffer, nannte es »… jene leichtfertige Arroganz Nachgeborener, die einen Konflikt, wie ihn Karl Bonhoeffer erfuhr, niemals durchleben mussten«, und schrieb weiter: »Sich damals zu verstricken war unvermeidlich ...«.[2] Denn »lernen [...] kann man aus den Fehlern anderer aber nur dann, [...] wenn man es [...] für möglich hält, selbst in der gleichen Situation der gleichen Fehler fähig gewesen zu sein«, wie ein anderer Enkel, Karl Walter Paul Bonhoeffer, ebenfalls Arzt, 1989 dazu gemeint hat.[1]

Karl Bonhoeffer wurde 1938 emeritiert. Seine Position übernahm der überzeugte Nationalsozialist Maximinus de Crinis, der für die wohl finsterste Epoche der Psychiatrie in Deutschland steht. Bonhoeffers Söhne Dietrich und Klaus und die Schwiegersöhne Hans von Dohnanyi und Rüdiger Schleicher wurden als Beteiligte am Widerstand gegen die Diktatur im April 1945, nur Tage vor deren Zusammenbruch, umgebracht. Der Vetter seiner Frau, der Berliner Stadtkommandant Generalleutnant Karl Paul Immanuel von Hase, der am 20. Juli 1944 das Regierungsviertel abriegeln ließ, gehörte zu den ersten, die nur wenige Tage nach dem Attentat ihren Mut, das Nazi-Regime stürzen zu wollen, in Plötzensee mit dem Leben bezahlten.

Bonhoeffer erfuhr auf seine Bitte hin nach dem Krieg für kurze Zeit eine Reaktivierung als Professor an der Berliner Medizinischen Fakultät. Von 1946 bis 1948 war er noch stundenweise an den Wittenauer Heilstätten – offiziell als dirigierender Arzt – tätig.

Er starb am 4. Dezember 1948 in Berlin. *UAU*

Literatur:

1 Bonhoeffer, K. W. P. Dt. Ärztebl. 1989;86:A-2407-8.
2 Moskopp, D., Jäkel, D. (Hrsg.) Karl Bonhoeffer – ein Nervenarzt. Wichern, Berlin, 2009.
3 Neumärker, K.-J. Karl Bonhoeffer. Biographie. Steffen Verlag, Berlin, 2017.

Willibald Pschyrembel (1901–1987)

Landeseigener Friedhof Heerstraße, Feld 11 B 6

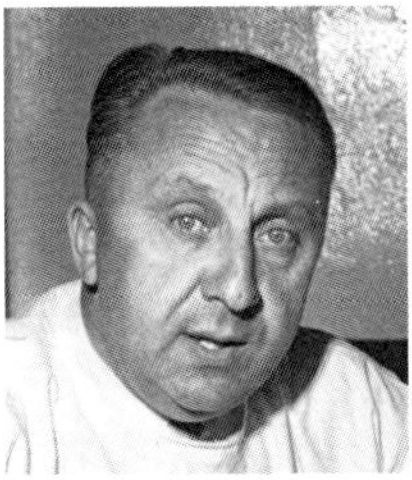

»Weit über die Medizin hinaus ist Pschyrembels Name zum Begriff geworden, als ›Klinisches Wörterbuch‹ [...]. Hinter diesem immensen Werk, das heute gleichsam losgelöst wie eine Institution wirkt, verbarg sich ein Mensch, dessen Lebenswerk im Zusammenfassen und Lehren, im Begeistern und Leiten bestand.«[1]

Geboren wurde Willibald Pschyrembel am 1. Januar 1901 in Berlin als Sohn des Kaufmanns Bruno Pschyrembel und seiner Ehefrau Cläre. Nach einer vor allem in Lüdenscheid verbrachten Kindheit und Jugend studierte er von 1920 bis 1924 Naturwissenschaften mit dem Schwerpunkt Physik und von 1926 bis 1932 Medizin an der Friedrich-Wilhelms-Universität zu Berlin. 1924 promovierte er mit dem Thema »Entwicklung und Stand der Elektrotechnik in Japan« zum Dr. phil. und 1935 bei Ferdinand Sauerbruch (1875–1951) zum Dr. med. mit dem Thema: »Osteomyelitits der Patella«.

In den sogenannten Goldenen Zwanziger Jahren nahm der musikalisch begabte Pschyrembel auch an besonderen Hausmusikabenden teil. – Hier sei es vorgekommen, so berichtete er später, dass dort mehrere Nobelpreisträger, nämlich Max Planck (1858–1947), Albert Einstein (1879–1955) oder Max von Laue (1879–1960), anzutreffen waren.[1] Bei einer dieser Abendgesellschaften lernte Pschyrembel wohl auch August Bier (1861–1949) kennen, 1907 bis 1932 Direktor der Chirurgischen Universitätsklinik in Berlin. Und August Bier erkannte offenbar die »umfassende Allgemeinbildung und den immensen Wissensdrang« des jungen Mannes und empfahl ihn 1932 dem renommierten Berliner Verlag de Gruyter als Bearbeiter des von Otto Dornblüth (1860–1922) 1893 begründeten »Wörterbuchs der klinischen Kunstausdrücke«.[3] Willibald Pschyrembel führte das Wörterbuch unter dem Namen »Klinisches Wörterbuch« weiter. 1932 erschien als 19. Auflage die erste Ausgabe unter diesem Namen. Bis zur 254. Auflage wurde aus dem relativ dünnen Wörterbuch »der Pschyrembel« mit zehntausenden von Stichworten. Da die Bearbeitung der Stichworte meist durch ihn selbst erfolgte, ist er nicht nur als Herausgeber, sondern weitgehend auch als Verfasser des Wörterbuchs anzusehen. Pschyrembel hat das Wörterbuch in über 50 Jahren unermüdlicher und fleißiger Arbeit zum medizinischen Klassiker gemacht, von dem inzwischen mehrere Millionen Exemplare verkauft worden sind und den es bis heute – 2019 in der 267. Auflage – im neuen Format und neuen Layout online und auch als App gibt.

Pschyrembel hat an seinem Wörterbuch immer »neben« seiner klinischen Tätigkeit gearbeitet – er erwarb sich zugleich auch nationales wie internationales Renommee als Geburtshelfer und Gynäkologe, den vor allem Walter Stoeckel (1871–1961), der langjährige Direktor der I. Universitäts-Frauenklinik in Berlin, beruflich entscheidend geprägt hat.

Nach seiner Zeit als Medizinalpraktikant begann Pschyrembel im Mai 1933 als Assistent der geburtshilflich-gynäkologischen Abteilung im Berliner Martin-Luther-Krankenhaus, ab Juli 1936 setzte er die Ausbildung an der geburtshilflich-gynäkologischen Abteilung des Paul Gerhard-Stiftes im Berliner Wedding fort. Im Dezember des gleichen Jahres wurde er Oberarzt an der geburtshilflich-gynäkologischen Abteilung des Krankenhauses Berlin-Neukölln in der Rudower Straße.

Pschyrembel wurde 1938 Mitglied des nationalsozialistischen Fliegerkorps (NSFK), was als Versuch angesehen werden kann, den Eintritt in die NSDAP zu vermeiden. 1940 wurde er, wie viele seiner ärztlichen Kollegen, dann auch Mitglied der NSDAP.[1]

1945 erhielt er den Ruf an das Krankenhaus im Friedrichshain, um dort nach den Zerstörungen durch den Zweiten Weltkrieg eine Frauenklinik mit Geburtshilfe aufzubauen. Leistenschneider schreibt hierzu: »Die Bürde dieser Aufgabe kann nur derjenige ermessen, der in dem damaligen bombenzerstörten Berlin gelebt und gearbeitet hat. Das Erstaunliche wurde erreicht. Unter schwierigsten Arbeitsbedingungen gelang es ihm, unterstützt von einem kleinen Stab gleichgesinnter Mitarbeiter, eine vorbildliche 200-Betten-Frauenklinik sozusagen aus dem Nichts heraus aufzubauen.«[3] Gemeinsam mit seinen Oberärzten prägte er mit der »Friedrichshainer Schule« Generationen von Ärzten, Schwestern, Hebammen und Studenten.[4] Über die Abläufe bei seiner Habilitation schreibt Joachim W. Dudenhausen (geboren 1943): »Im Sommer 1948 bemühte sich die pädagogische Fakultät der Humboldt-Universität am Institut für Körpererziehung und Hygiene Vorlesungen über ›Frauenkunde‹ bzw. ›Biologie der Frau‹ durch einen Lehrauftrag an Pschyrembel – der hier an die Arbeiten von Wilhelm Liepmann (1878–1939)

anschließen wollte – einzurichten. Diese Bemühungen scheiterten am Widerstand des Staatssekretariats für Hochschulwesen. Nun beschloss aber die Medizinische Fakultät die Aufnahme von Pschyrembel ...«.[1] Dudenhausen zitiert aus einem Brief des damaligen Dekans, Theodor Brugsch (1878–1963): »Die Medizinische Fakultät hat in ihrer Sitzung vom 15.12.1951 beschlossen, dem Sekretariat vorzuschlagen, Herrn Dr. W. Pschyrembel in Anbetracht seiner Verdienste und seiner wissenschaftlichen Arbeit auf dem Gebiet der Gynäkologie ohne besonderes Habilitationsverfahren zum Professor mit Lehrauftrag zu berufen.«[1] Die Berufung Pschyrembels erfolgte schließlich im Februar 1952.

Seine Vorlesungen fanden, so Augenzeugen, meist vor überfülltem Hörsaal statt: »Stets fuhr er mit seinem VW-Käfer vor. [...] Stets kam er ohne Aufzeichnungen oder Notizen in den Hörsaal und sprach völlig frei. [...] Seine Rede- und Vortragsweise [...] fesselte [...] er hat seine Vorlesungen nicht gehalten, sondern gepredigt«, so dass sie nicht nur mitgeschrieben, sondern auch gut behalten werden konnten.[2] Pschyrembels Wissensvermittlung war mit einer besonderen Didaktik verbunden, oft unterstrich er das Gesagte mit einprägsamen Sätzen wie »Man muss viel wissen, um wenig zu tun«, »Über einer Kreißenden darf die Sonne nicht zweimal untergehen« oder »Jeder macht Fehler, auch der Arzt, entscheidend ist, dass er ihn rechtzeitig bemerkt«.[2] Einige davon (»volle Blase – Wehenbremse«) fanden sich auch als Merksätze in seiner »Praktischen Geburtshilfe« – die er von der ersten im Jahre 1947 bis zur 14. Auflage selbst und ab 1984 zusammen mit Joachim W. Dudenhausen verfasste und die nun in der 22. Auflage vorliegt – sowie in seiner »Praktischen Gynäkologie«, die 1964 erstmals erschienen war und in mehrere Sprachen übersetzt wurde.

Zweimal wurde Pschyrembel zum Vorsitzenden der Gesellschaft für Geburtshilfe und Gynäkologie in Berlin gewählt, deren Ehrenmitglied er ist – einmal vor dem Mauerbau 1959/1960 und einmal von 1964 bis 1967, als er der Westberliner (Teil-)Gesellschaft vorstand. Die Teilung Berlins am 13. August 1961 bedeutet auch für ihn eine Zäsur. Pschyrembel hatte seinen Wohnsitz zuvor nicht in den Ostteil der Stadt verlegt. Nun, 60-jährig, leitete er die Frauenklinik im Ostberliner Stadtteil Friedrichshain nur noch bis kurz nach dem Mauerbau. Anfang September 1961 löste er seinen Vertrag mit dem Krankenhaus Friedrichshain in gegenseitigem Einvernehmen auf, weil »eine ungestörte Arbeit unter den politischen Gegebenheiten nicht mehr möglich« war.[4]

Nach Beendigung seiner klinischen Tätigkeit widmete sich Willibald Pschyrembel nun überwiegend der Arbeit an seinen Büchern.

Am 26. November 1987 starb er in Berlin. Sein Grab befindet sich auf dem Waldfriedhof Heerstraße. »Der Spiegel« schrieb kurz nach dem Tod Willibald Pschyrembels: »[F]rei von persönlicher Eitelkeit, blieb der talentierte Autor, nebenbei Verfasser zweier Lehrbücher über Gynäkologie und Geburtshilfe, seinen […] Eigenheiten treu. Das Wort ›Sterben‹ nahm er erst in die allerletzte Auflage auf. Seinem eigenen Wunsch entsprechend wurde sein Tod – am 26. November in Berlin – erst nach der Beisetzung bekanntgegeben.«[5]

MD

Literatur:

1 Dudenhausen, J. W. Willibald Pschyrembel (1901–1987). In: David, M., Ebert, A. D. (Hrsg.) Berühmte Frauenärzte in Berlin. Mabuse, Frankfurt am Main, 2007, S. 191–197.

2 Schneeweiß, B., Gdanietz, K. Willibald Pschyrembel – Frauenarzt, Hochschullehrer, Enzyklopädist. CHAZ 2014;15:554–558.

3 Leistenschneider, W. Nekrologe. Willibald Pschyrembel. DMW 1988,113:828–829.

4 Schneeweiß, B., Berndt, S. Willibald Pschyrembel. Enzyklopädische Fähigkeiten. Deutsches Ärzteblatt 2001;98:A334 – A335.

5 NN. Gestorben. Willibald Pschyrembel. Der Spiegel 1987, Heft 51, S. 204.

KIRCHHOF DER KAISER-WILHELM-GEDÄCHTNIS-GEMEINDE

Alfred Dührssen (1862–1933)

Kirchhof der Kaiser-Wilhelm-Gedächtnis-Gemeinde, Feld NH

»Der Name Dührssen bedeutet einen Markstein in der Geschichte der geburtshilflichen Chirurgie und der operativen Gynäkologie. Will man Dührssens Bedeutung gerecht werden, so muss man sich zurückversetzen in die Zeit vor fast 50 Jahren und die Persönlichkeit Dührssens ins Auge fassen.« So würdigte Paul Straßmann (1866–1938) in seinem 1934 im »Zentralblatt für Gynäkologie« veröffentlichten Nekrolog den heute praktisch vergessenen Alfred Dührssen (1826–1933).[1] Dieser wurde am 23. März 1862 in Heide (Schleswig-Holstein) geboren. Vater und Großvater waren ebenfalls Ärzte. Dührssen studierte zunächst vier Semester in Marburg und dann von April 1882 bis Februar 1884 an der Berliner Kaiser-Wilhelm-Akademie, der sogenannten Pépinière, Medizin. Am 9. Februar 1884 wurde er mit der Arbeit »Über chronische Parotitis mit konsekutiver Speichelgeschwulst« promoviert.[2] Im September 1885 begann er an der von seinem Onkel Rudolf Dohrn (1836–1916) geleiteten Universitäts-Frauenklinik in Königsberg in Preußen seine Ausbildung. 1886 ging er als Assistent zu Adolf Gusserow (1836–1906) an die Berliner Charité-Frauenklinik, wurde dort 1888 Oberarzt und Privatdozent und, als 26-Jähriger, Leiter der großen Charité-Hebammenschule. Die Situation Dührssens Ende der 1880er Jahre war diese: »Erfüllt von dem Gedanken der Einschaltung der neuen chirurgischen Aspekte in die Geburtshilfe und beseelt von dem Drange, neue Wege für die Behandlung der Frauenleiden zu eröffnen, um den damals gefährlichen und folgenschweren Leibschnitt durch weniger gefährliches Vorgehen zu ersetzen – sah er sich aber beschränkt auf eine rein poliklinische Tätigkeit. Klinische Operationen standen ihm – nachdem er die Laufbahn als Militärarzt aufgegeben hatte – nicht zur Verfügung. Ziviloberärzte hatten damals noch keine Berechtigung, an der Klinik zu operieren.«[1]

1887 erschien eine erste wichtige, in Fachkreisen allerdings kontrovers diskutierte Publikation Dührssens zur »Uterustamponade mit Jodoformgaze bei Atonie des Uterus nach normaler Geburt«.[3] Als Aufbewahrungs- und Transportbehälter für das Tamponadematerial entwickelte er sterile Verbandsstoffkonserven, die sogenannten Dührssen-Büchsen.

Dührssen war innovativ und rigoros in seinen Vorstellungen und Ansichten. So sollte nach seiner Meinung die moderne Geburtshilfe nur auf vier Operationen beruhen, mit deren Hilfe alle wesentlichen pathologischen Geburtsverläufe bewältigt werden sollten: erstens die vaginal-operative Geburtshilfe mittels Geburtszange, zweitens die Wendung des Kindes und Extraktion, drittens der vaginale Kaiserschnitt und viertens die Laparo-Kolpohysterotomie.[3]

1896 hatte Dührssen mit dem Ziel, zukünftig kindliche Zerstückelungsoperationen bei für die damaligen medizinischen Möglichkeiten aussichtslosen Geburtsverläufen verhindern zu können, (s)einen sogenannten vaginalen Kaiserschnitt erstmals erfolgreich durchgeführt. Er erreichte so bei völlig geschlossener und erhaltener Zervix einen Zugang zum Uterus von der Scheide aus, ohne das Peritoneum zu eröffnen. Allerdings musste bei diesem Operations- und Geburtswege, im Gegensatz zum »klassischen Kaiserschnitt«, das Kind den Beckenkanal passieren. Dührssen schreibt, dass er zu diesem Vorgehen unter anderem durch die von Vincenz Czerny (1842–1916) angegebene, mit einer Spaltung des Scheidengewölbes und des Uterus verbundene Myomenukleation angeregt worden sei. Auch hier, wie bei späteren, von Dührssen angegebenen operativen Innovationen, kam es zu einem Prioritätenstreit über die Erstbeschreibung. Eine Kombination aus der vaginalen Sectio und dem sogenannten Flankenschnitt nach Ferdinand von Ritgen (1787–1867), der Kolpohysterotomie, wurde von Dührssen unter Bezugnahme auf eine entsprechende indische Legende, nach der Buddha aus der rechten Leibseite der Mutter herausgetreten sei, als »Buddha-Geburt« bezeichnet. Diese wie andere von ihm vorgeschlagenen Techniken und Zugangswege erforderten nicht nur einen gewissen Mut, operative Erfahrung und eine ausgefeilte chirurgische Technik, sondern auch umfassende Kenntnisse der Anatomie im kleinen Becken der Frau.

Dührssen hat im Verlauf seines Berufslebens weitere Neuerungen für die Geburtshilfe (Inzisionen des Muttermundes, um auch bei nicht voll-

ständigem Muttermund ein Kind vaginal entbinden zu können; seitlicher Scheiden-Damm-Levator-Schnitt, der heute als Schuchardt-Schnitt bekannt ist) und die Gynäkologie (vaginale Prolapsoperation, vaginale Fixation bei Retroflexio uteri) vorgeschlagen, die allerdings fast immer auf den Widerstand beziehungsweise Widerspruch in der Kollegenschaft stießen oder um die es einen Prioritätenstreit gab.

Kennzeichnend dafür ist eine über 50 Seiten lange, 1925 im »Archiv für Gynäkologie« publizierte Arbeit, in der er seine Erstbeschreibungsansprüche für einige Operationen, zum Beispiel für den genannten Scheidendammschnitt, zu beweisen versuchte und »als Satisfaktion« verlangte, dass »die Fachblätter [seine] vorstehende Zusammenfassung als Autoreferat bringen ... Für die Zuverlässigkeit des in demselben gebrachten Tatsachenmaterials kann ich mich verbürgen.«[4] So kam es nicht ...

1895 wurde Alfred Dührssen in Berlin außerplanmäßiger Professor, seine akademische Laufbahn beendete er 1913 »enttäuscht, dass er einen öffentlichen Lehrstuhl nicht erhalten hatte«.[1]

Bereits 1892 hatte er am Berliner Schiffbauer Damm eine private Frauenklinik eröffnet, die er später an Benno Hallauer (1880–1943) weitergab, um im wohlhabenden Westteil Berlins eine Klinik zu betreiben.

Am 11. Oktober 1933 starb Alfred Dührssen 72-jährig. Seine frauenärztliche Tätigkeit hatte er bis in die letzten Jahre vor seinem Tode ausgeübt, allerdings seit Ende der 1920er Jahre mit Einschränkungen durch eine Parkinson-Erkrankung.

Dührssen blieb seinen Zeitgenossen wohl so in Erinnerung, wie es August Martin (1847–1933) in seinem kurzen Nachruf 1933 beschrieben hat: »Im Eifer der Vertretung seiner wissenschaftlichen Schöpfungen geriet Dührssen über den großen Rahmen seiner Hörer und Anhänger hinaus in Gegensätze zu anderen kollegialen Kreisen, sodass er sich frühzeitig vollständig auf seine eigene Tätigkeit zurückzog und damit vereinsamte.«[5]

MD

Literatur

1 Strassmann, P. Zum Andenken an Alfred Dührssen (23.03.1862 – 11.10.1933). Zentralblatt für Gynäkologie 1934,58:145–152.

2 Wätzold NN. Stammliste der Kaiser-Wilhelm-Akademie für das militärärztliche Bildungswesen. Im Auftrage der Medizinal-Abteilung des Königlichen Kriegsministeriums unter Benutzung amtlicher Quellen. Springer-Verlag, Berlin/Heidelberg, 1910, S. 729.

3 Dührssen, A. Die »neue« Geburtshilfe und der praktische Arzt. Nebst weiteren Mitteilungen über den Metreurynter-Kaiserschnitt und die Buddha-Geburt. Klinische Vorträge, neue Folge. Nr. 549/50 (Gynäkologie Nr. 204/05), Sept. 1909, S. 269–316.

4 Dührssen, A. Beitrag zur Priorität und Technik einiger berühmter, gynäkologischer vaginaler Operationen. Archiv für Gynäkologie 1925:452–502.

5 Martin, A. Personalien (Nachruf A. Dührssen). Monatsschrift für Geburtshülfe und Gynäkologie 1933:418.

ROBERT-KOCH-INSTITUT

Robert Koch (1843–1910)

Robert-Koch-Institut, Mausoleum, Ehrengrab

»Lassen Sie alles stehen und liegen und kommen Sie mit!«, rief Julius Cohnheim (1839–1884), der Pathologe an der Schlesischen Friedrich-Wilhelms-Universität Breslau, am 30. April 1876 seinen Assistenten zu. Schnell versammelten sich zahlreiche Herren im Labor des bekannten Botanikers Ferdinand Julius Cohn (1828–1898). Cohn, ein Begründer der Bakteriologie, stellte ihnen einen unbekannten Arzt vor, der den Versammelten nun das Wachstum, die Sporenbildung, kurz gesagt, den Lebenszyklus des gefürchteten Milzbranderregers, demonstrieren wollte. Dieser Arzt war Robert Koch, Kreisphysikus aus Wollstein im Kreis Posen.

Robert Koch wurde am 11. Dezember 1843 als drittes von dreizehn Kindern in der Familie des späteren Geheimen Bergrates Hermann Koch (1814–1877), der ein Mitarbeiter von Alfred Nobel (1833–1896) war, und seiner Frau Mathilde (1818–1871) in Clausthal-Zellerfeld geboren.[1]

Nach dem Abitur studierte Koch 1862–1866 Physik und Medizin in Göttingen, wo ihn der Anatom Jakob Henle (1809–1885) nachhaltig beeinflusste. Bereits 1865 gewann er die Preisaufgabe der Universität Göttingen mit der Arbeit »Über das Vorkommen von Ganglienzellen an den Nerven des Uterus«. Nach der Promotion am 16. Januar 1866 und der Erteilung der Approbation heiratete Koch am 16. Juli 1867 seine Jugendfreundin Emmy Fraatz (1847–1913). Bis 1869 arbeitete er in verschiedenen Praxen (Langenhagen, Niemegk und Ragkwitz) und in Lazaretten des Deutsch-Französischen Krieges 1870/71.

Nach der Physikat-Prüfung in Berlin wurde er 1872 zum preußischen Kreisphysikus in der Kleinstadt Wollstein ernannt, wo er neben der klinischen Arbeit seine Forschertätigkeit begann. Dazu trennte er in seiner Praxis mit einem Vorhang einen kleinen Raum ab, der von nun an sein Laboratorium sein sollte, in dem er mit Mikroskopen, Brutkästen, verschiedenen Färbetechniken und Fotoapparaten seiner Leidenschaft nachging. Praxisorientiert untersuchte Robert Koch das Blut von an Anthrax erkrankten Tieren, in dem Aloys Pollender (1799–1879) und Casimir-Joseph Davaine (1812–1882) virulente stäbchenförmige »Gebilde« gefunden hatten. Erst Koch gelang es in mühsamen und neuartigen Experimenten, den gesamten Lebenszyklus der Milzbranderreger experimentell nachzuweisen.[1] So konnte er erstmals zeigen, dass eine bestimmte Infektionskrankheit durch einen spezifischen Erreger ausgelöst wird.[2]

Diese sensationellen Ergebnisse mussten bekannt gemacht werden – doch wer glaubte schon einem unbekannten Kreisphysikus aus der Provinz Posen? Einer der damals führenden und einflussreichsten Bakteriologen Deutschlands war Ferdinand Cohen, der die Bedeutung der Kochschen Befunde sofort erkannte und von nun an ein Unterstützer und Förderer Kochs wurde. Die Entdeckung und insbesondere die Art und Weise der experimentellen Beweisführung katapultierte Koch in die erste Reihe der (damals noch jungen Wissenschaft) Mikrobiologie: Bereits 1888 wurde er zum Nachfolger des Geheimen Regierungsrates Professor Karl Finkelnburg (1832–1896) sowie zum Regierungsrat und ordentlichen Mitglied im Kaiserlichen Reichsgesundheitsamt ernannt. Von nun an änderte sich das Leben Robert Kochs, denn er hatte plötzlich moderne Forschungsbedingungen, die seinen Fähigkeiten entgegenkamen und als Mitarbeiter standen ihm Friedrich Löffler (1852–1915) und Georg Gaffky (1850–1918), beide Zöglinge der Pépinière, zur Seite.

In der Zeit vor Koch war es das Verdienst von Ignaz Semmelweis (1818–1865) gewesen, auf die Übertragungswege des Kindbettfiebers hinzuweisen. Es war die Zeit, in der sich die Anästhesie und die Chirurgie dynamisch entwickelten und Antiseptik und Aseptik Eingang in die Operationssäle fanden. Diese Entwicklung ist auch an die Namen Louis Pasteur (1822–1895) und Joseph Lister (1827–1912) gebunden. In Deutschland führten Carl Thiersch (1822–1895) in Leipzig, James Israel (1848–1926) in Berlin und Richard von Volkmann (1830–1889) in Halle die antiseptische Wundbehandlung ein. Koch zeigte, dass der Anthrax-Erreger durch die übliche zweiprozentige Carbolsäure nicht wirksam abgetötet werden konnten, sondern nur durch eine fünfprozentige Lösung.[1]

Er entwickelte die Mikroskopie sowie die Mikrofotografie weiter und nutzte diese in seinem Kampf mit der damaligen Geißel der Menschheit, der Tuberkulose. Dabei hielt er sich an die »Kochschen Postulate«:

Erstens muss der Erreger sich regelmäßig im erkrankten Organismus nachweisen lassen. Zweitens muss er sich aus dem erkrankten Organismus isolieren, in Reinkultur züchten und in seinen morphologischen und funktionellen Eigenschaften untersuchen lassen. Drittens muss sich aus der Reinkultur die Krankheit im Versuchstier reproduzieren lassen und der Erreger wiedergewonnen werden können.

Am 24. März 1882 konnte Koch vor der Berliner Physiologischen Gesellschaft seine Entdeckung des Tuberkulose-Bakteriums bekanntgeben.[2] Die folgende Entwicklung und die übereilte Vermarktung des »Heilmittels« Tuberkulin führten zu herben wissenschaftlichen Enttäuschungen, schweren klinischen Rückschlägen[3] und persönlichen Diffamierungen. Auch familiär kam es zu Veränderungen: Bald nach der Scheidung von seiner Frau Emmy heiratete Geheimrat Robert Koch am 13. September 1893 Hedwig Freiberger (1872–1945), die er 1890 kennen und lieben gelernt hatte. 1885 wurde Koch auf den ersten Lehrstuhl für Hygiene an der Friedrich-Wilhelms-Universität zu Berlin berufen, den er bis 1891 innehatte. In diesem Jahr wechselte er als Direktor an das eigens für ihn erbaute Königlich Preußische Institut für Infektionskrankheiten, das er bis 1904 leitete. Beide Institute standen im Zentrum der experimentellen und klinischen Tuberkulose-Forschung.

1907 betonte Koch, dass Tuberkulin kein Medikament, wohl aber ein nützliches Diagnostikum sei. Das schwer färbbare, säurefeste Tuberkulose-Bakterium in Reinkultur zu züchten, blieb Kochs unsterbliches Verdienst sowie die Voraussetzung für die moderne Tuberkulosediagnostik und -therapie der Gegenwart. Mit wechselnden Mitarbeitern und oft in Begleitung seiner zweiten Frau Hedwig konnte er auf verschiedenen Expeditionen unter anderem die Cholera in Ägypten und Indien (1883–1884), die Pest und Rinderpest (1896–1898), die Malaria (1897–1902), die Schlafkrankheit in Ostafrika (1904–1907) sozusagen »vor Ort« studieren.

Ihm gelang der Nachweis des Cholera-Bakteriums (1884), die Entwicklung eines Impfverfahrens gegen die Rinderpest, der Nachweis, dass Rattenflöhe die Pest von der Ratte auf den Menschen übertragen, ein diagnostisch verwertbarer Malaria-Nachweis und der Beleg, dass Tsetse-Fliegen die Schlafkrankheit auf den Menschen übertragen.[3] Seine Behandlungsversuche mit Arsenpräparaten an Einheimischen in den deutschen und britischen Kolonien gehören zu den dunklen Seiten der deutschen Medizingeschichte.

Koch wurde für seine wissenschaftlichen Verdienste hoch dekoriert. Die höchste Auszeichnung (aus heutiger Sicht) war der ihm am 10. Dezember 1905 verliehene Nobelpreis für Physiologie und Medizin. Zu Robert Kochs zahlreichen Schülern und Mitarbeitern zählten neben Löffler und Gaffky unter anderem auch Emil von Behring (1854–1917, Nobelpreis 1901), Paul Ehrlich (1854–1915, Nobelpreis 1908) und Shibasaburo Kitasato (1853–1931). Robert Koch starb am 27. Mai 1910 in Baden-Baden. Am 4. Dezember 1910 erfolgte die Beisetzung seiner Asche im Mausoleum seines Berliner Institutes.

ADE

Literatur:

1 Harig, G. Robert Koch (1843–1910). In: Ders. (Hrsg.) Deutsche Forscher aus sechs Jahrhunderten. VEB Bibliographisches Institut, Leipzig, 1965, S. 289–294.

2 Winau, R. Robert Koch und die Medizin seiner Zeit. Charité-Annalen NF 1993;13:199–206.

3 www.rki.de/DE/Content/Institut/Geschichte/Robert_Koch.html, letzter Zugriff 16.02.2020.

August von Wassermann (1866–1925)

Urnenfriedhof Gerichtstraße, Urnenhalle, hier linke Säulenniesche, Ehrengrab

August von Wassermann wurde am 21. Februar 1866 geboren. Er war der zweite Sohn des 1910 in den erblichen Adelsstand erhobenen bayerischen Hofbankiers Angelo von Wassermann (1835–1914) und seiner Frau Dora, geborene Bauer. Er studierte 1884–1889 Medizin an den Universitäten in Erlangen, Wien, München und in Straßburg. An der Reichs-Universität Straßburg im Elsass wurde er 1888 promoviert. Nach der Approbation 1889 war er 1890 zunächst als Volontär in Berlin tätig, bevor er ab 1891 im Königlich-Preußischen Institut für Infektionskrankheiten unter dem Direktorat von Robert Koch (1843–1910) seine Forschungstätigkeit aufnahm. Wassermann habilitierte sich 1901 und wurde als Nachfolger Ludwig Briegers (1849–1919) Leiter der klinischen Abteilung des Instituts. 1902 erhielt er seine Ernennung zum außerordentlichen Professor und 1906 wurde er zum Leiter der selbständigen Abteilung für experimentelle Therapie und Serumforschung ernannt. 1906 veröffentlichte er zusammen mit Albert Neisser und Carl Bruck die später nach ihm benannte Reaktion zur Serodiagnostik der Syphilis. Theodor Brugsch (1878–1963) erinnerte sich in diesem Zusammenhang: »Nach dem Kongress gingen wir ins Weinrestaurant Borchardt in der Französischen Straße. Wir saßen an einem kleinen Tisch in der Fensterecke und Wassermann erzählte mir, dass an eben diesem Tisch der Gedanke zur Ausarbeitung seiner ›Reaktion‹ den Ausgangspunkt gefunden hätte. Die Sache verhielt sich nach Wassermanns Worten folgendermaßen: Sein Vetter Albert Neißer (1855–1916), der Entdecker des Gonococcus und Schöpfer der Neißerschen Kur, hatte in Breslau behördlicherseits 200.000 Mark für die Syphilis-Forschung bekommen. Er wusste wohl nicht recht, was er damit anfangen sollte, und fragte daher bei einem anderen Vetter, Paul Ehrlich (1854–1915), dem Entdecker des Salvarsan, auf einer Postkarte in Frankfurt am Main an, was er tun solle. Ehrlich, der ungern lange Briefe schrieb, erwiderte per Rückantwortkarte: ›Schmeiß deine Maler raus, baue dir ein Affenhaus!‹ Neißer befolgte Paul Ehrlichs Rat insofern, als er eine Expedition nach Teneriffa unternahm, um zu ergründen, ob sich die Syphilis auf Affen übertragen ließe und im Zusammenhang damit eine Serumgewinnung gegen die Krankheit möglich wäre. Das Ergebnis der Expedition fiel recht mager aus, aber das Geld war verbraucht und nun fuhr Neißer zu August von Wassermann nach Berlin, wo er ihn fragte, ob er für seine Forschungszwecke nicht eine Reaktion zum Nachweis der Syphilis machen könne. Wassermann sagte zu, er versprach es bereits für die nächsten Tage, wobei er darauf hinwies, dass er seinen Assistenten Bruck (Carl, 1879–1944) bei der Ausarbeitung hinzuziehen werde. Jedenfalls startete die Reaktion, und zwar unter dem Markennamen Wassermann, Neißer und Bruck. Jetzt heißt sie nur noch Wassermannsche Reaktion [...] ›Wassermann und ich hatten an diesem Abend bei Borchardt zwei Flaschen Burgunder getrunken, und wir gingen danach vergnügt Arm in Arm durch die Friedrichstraße, als uns einige der zu dieser späten Stunde dort promenierenden Mädchen ansprachen.‹ Wassermann, obwohl Bayer, wehrte in gutem Berliner Dialekt ab: ›Ihr Meechens, wenn ihr wüßtet, daß hier ein Wassermann positiv vor euch steht, dann würdet ihr doch gleich abziehen.‹«[1]

Mit Hilfe der »Wassermann-Reaktion« war es nun, wenn auch mit Einschränkungen, möglich, eine Lues-Infektion nachzuweisen, eine entsprechende Therapie einzuleiten und den eventuellen Therapieerfolg durch Verlaufskontrollen zu überprüfen. Heute werden natürlich andere, genauere diagnostische Methoden eingesetzt, doch am Anfang stand die »Wassermann-Reaktion«.[2]

August von Wassermann lieferte zahlreiche wichtige Beiträge in vielen Bereichen der Bakteriologie, Serologie und Immunologie, so entwickelte er beispielsweise zusammen mit Robert von Ostertag (1864–1940) ein polyvalentes Serum zur Therapie der Schweineseuche (1902), publizierte wichtige Ergebnisse zur Therapie der Schweinepest (1906) und beschrieb gemeinsam mit Wilhelm Kolle (1868–1935) 1906 ein polyvalentes Meningokokkenserum – das erste wirksame Heilmittel zur Meningitis-Behandlung! Der Ausbau der Komplementbindungsreaktion war ein methodisch wichtiger Schritt in der Immunologie. Zudem konnten Wassermann und Kolle nachweisen, dass die Meningokokken immer gramnegativ waren. Welche Rolle dabei Wassermanns Vetter

Paul Ehrlich spielte, der die mikroskopischen Färbetechniken seinerzeit perfektionierte, bleibt offen. In den letzten Lebensjahren beschäftigte sich Wassermann im Tierexperiment zunehmend mit onkologischen Fragestellungen, wobei ihn die Entwicklungen der Chemotherapie und der Strahlentherapie interessierten. Er betonte immer wieder den Einfluss der Behandlung auf die Keimzellen und hob hervor, dass biologisches Gewebe umso empfindlicher auf die Bestrahlung reagiere, je schneller sich dessen Zellen vermehren. Diese frühen tumorbiologischen Erkenntnisse gelten bis heute in der modernen Strahlentherapie.

1913 wurde August von Wassermann zum Direktor des Kaiser-Wilhelm-Instituts für experimentelle Therapie berufen. Janos Plesch (1878–1957) erinnerte sich in seinen Memoiren, dass von Wassermann Medizin durchaus wie eine Art Sport betrieb und schrieb: »Wassermann war von kleiner Statur und hatte einen Buckel, und wie alle Buckligen war auch er eitel und misstrauisch [...] Sein Gesicht war ausdrucksvoll, und an der hohen Denkerstirn und dem geistigen Blick konnte man seine aussergewöhnlichen Fähigkeiten erkennen. Um sich einen martialischen Ausdruck zu verleihen, trug er einen langen Schnurbart. Er war ein voraussetzungsloser Denker, und hatte auch den Mut, alles, was er dachte, auszusprechen. Er kannte keine wissenschaftlichen Hemmungen, weil er nicht durch tiefgründiges Wissen belastet war. Er hatte aber, was in der Medizin oft mehr bedeutet als Wissen, eine wissenschaftliche Spürnase [...] Da er sich der Grenzen seines Wissens bewusst war, umgab er sich mit den besten wissenschaftlichen Hilfskräften [...] Wassermann hat alle Ehren, die einem glücklichen Gelehrten zukommen können, erhalten, doch war es sein Lebensschmerz, dass er weder eine Professur an einer Universität erhielt noch den Nobelpreis für seine epochale Entdeckung.«[3]

August von Wassermann heiratete am 3. Dezember 1895 Alice Taussig (1874–1943). Wassermann und seine Familie sowie die Familie seiner Frau hatten jüdische Vorfahren. Seine Frau war die Tochter von Theodor Ritter von Taussig (1849–1909) und ihre Schwester die bekannte Malerin Helene von Taussig (1879–1942). Während des Ersten Weltkrieges diente von Wassermann als Epidemiologe und Hygieniker an der Ostfront.

Geheimrat Prof. August von Wassermann starb am 16. März 1925 hochgeehrt wohl an den Folgen einer chronischen Nephritis. Das Schicksal seiner Familie war dramatisch: Alice von Wassermann und ihre Schwestern Clara von Hatvany-Deutsch (1875–†?) und Helene von Taussig wurden Opfer des Holocaust. *ADE*

Literatur:
1 Brugsch, Th. Arzt seit fünf Jahrzehnten. Verlag Rütten & Loening, Berlin, 1965, S. 141–143.
2 Wassermann, A. v., Neisser, A., Bruck, C. Eine serodiagnostische Reaktion bei Syphilis. Deutsche Med Wochenschr 1906;32:745–746.
3 Plesch, J. Ein Arzt erzählt sein Leben. München, 1951, S. 74–76.

KIRCHHOF II DER DOROTHEENSTÄDTISCHEN GEMEINDE

Oscar E. Lassar (1849–1907)

Kirchhof II der Dorotheenstädtischen Gemeinde

Oscar Lassar wurde am 11. Januar 1849 in Hamburg geboren. Er studierte Medizin an den Universitäten in Heidelberg, Göttingen, Straßburg sowie Berlin und promovierte in Würzburg mit einer experimentellen Dissertation über die »Manometrie der Lungen«.

Den Deutsch-Französischen Krieg hatte er während seiner Studienzeit im II. Hanseatischen Infanterie-Regiment No. 76 mitgemacht, was viele seiner zukünftigen Studenten noch Jahrzehnte später schwer beeindruckte, wie sich Theodor Brugsch (1878–1963) erinnerte: »Lassar imponierte den Studenten auch aus anderen Gründen. Er war, wie man sagte, ein Kavalier in allen Sätteln. Im Kriege 1870/71 hatte er als Unteroffizier bei einer Patrouille das erste französische Geschütz erobert. Somit wurde er, der es zu damaliger Zeit wegen seiner jüdischen Abkunft nur bis zum Wachtmeister bringen konnte, zum Geburtstag des Kaisers stets von der reitenden Artillerie in Spandau zum großen Regimentsessen eingeladen. In meinen Studentenjahren sah ich ihn nachmittags oft die Linden entlang sein Vier-Schimmel-Gespann kutschieren: er auf hohem Bock, mit Cut, grauem Zylinder und grauen Handschuhen; im Knopfloch trug er eine Nelke. Das hätte ihm keiner der Professoren nachgemacht, nicht einmal einer der jüngeren Medizinprofessoren, von denen in der damaligen Zeit gar manche auf moderne Eleganz hielten.«[1]

Nach der Weiterbildung in den Laboratorien von Felix Hoppe-Seyler (1825–1895) und Ernst Salkowski (1844–1923) wurde er zunächst Assistent am Physiologischen Institut in Göttingen, um dann nach Breslau zu wechseln, wo er von 1875 bis 1878 Assistent Julius Cohnheims (1839–1884) am Pathologischen Institut war. Zunehmend spezialisierte sich Lassar auf das Studium der Hautkrankheiten. Er ließ sich in Berlin nieder, wo er sich an der Friedrich-Wilhelms-Universität habilitierte und eine große Privatklinik für Hautkrankheiten und Syphilis eröffnete.[2] Hier behandelte er etwa 12.000 bis 14.000 Personen pro Jahr und bildete eine Reihe tüchtiger Fachärzte aus. Brugsch schrieb dazu in seinen Memoiren: »Lassar war der Begründer der Berliner dermatologischen Gesellschaft. Da er reich war – wie man sagte durch das Geld seiner Frau – hatte er in der Karlstraße, der jetzigen Reinhardtstraße, Ecke Marienstraße eine große Privatklinik für Hautkrankheiten und Syphilis gebaut. Lassar war nicht Ordinarius, sondern nur titulierter Privatdozent. Der große Hörsaal, den er sich in seine Klinik hatte einbauen lassen, war zwar stets voll von Studenten, weil seine Vorlesung über Haut- und Geschlechtskrankheiten großen Anklang fanden, sowohl aus fachlichen Gründen als auch weil er sehr witzig sprach. Zu seinem großen Kummer belegten jedoch die Studenten bis auf ganz wenige Ausnahmen seine Vorlesungen nicht, da das Praktizieren bei ihm nicht für die Anmeldung zum Staatsexamen angerechnet wurde. In jeder Vorlesung reichte er ein gedrucktes Merkblatt herum, das, wie er ironisch sagte, diejenigen nehmen dürften, die durch Belegen seiner Vorlesung ein Anrecht darauf zu haben glaubten. Selbstverständlich nahm jeder Student ein solches Blatt. Eines Tages gegen Ende des Semesters hielt er den Studenten folgende Rede: »›Meine Herren, all diejenigen, die sich berechtigt gefühlt haben, meine Vorlesung zu hören, lade ich zu einem Bierabend in die Brauerei Friedrichshain ein.‹ Belegt hatten nur wenige Hörer, aber der annähernd tausend Personen fassende Saal der Brauerei war überfüllt von Studenten und ihren Freunden. Es gab Bier und Wiener Würstchen. Auf Lassar wurde getoastet, ebenso wie er auf seine Studenten trank.«[1]

Oscar Lassar bewarb sich auch um die Vertretung des erkrankten Georg Richard Lewin (1820–1896) an der Hautklinik der Charité. Während die Fakultät zumindest gegen eine Art »Vertretungsprofessur« für Lewin nichts einzuwenden hatte, begann der weitsichtige Friedrich Althoff (1839–1908) bereits die definitive Nachfolgeregelung zu überdenken. Einstimmig beschloss die Fakultät damals »Eurer Excellenz den Privatdocenten Dr. Lassar, welcher ihr nicht bloß als ein eifriger und anregender, von den Studenten gern gehörter und mit gutem Erfolg lehrender Docent bekannt ist, sondern auch in der wissenschaftlichen Welt auf dem Gebiet der syphilitischen und Hautkrankheiten sich eines guten Rufes auf Grund von ihm publicierter Arbeiten zu erfreuen hat, als Ver-

treter des Geheimen Medizinalrathes Lewin in den klinischen Vorträgen über Syphilis für das laufende Semester zu empfehlen«.[3]

In Althoffs Kalkulationen spielte Lassar jedoch keine Rolle. Höchstens eine Platzierung auf der Berufungsliste »honoris causa« war für Lassar vorgesehen. Tiefergehende antisemitische Motive seitens Althoffs oder der Fakultät scheinen aber sehr unwahrscheinlich, denn die Favoriten Althoffs für das Amt eines Berliner Extraordinarius – Albert Neisser (Breslau) und Edmund Lesser (Bern) – waren beide jüdischer Abstammung. Aufschlussreich ist das Schreiben des damaligen Kultusministers Julius Robert Bosse (1832–1901) an Althoff vom 6. August 1896: »Es ist eine etwas verschmitzte Frage. Ich habe das Gefühl, als ob Lassars Enttäuschung gerade durch Lessers Berufung noch einen besonders bitteren Beigeschmack bekommen wird, und ich hätte dem guten Lassar diese Bitternis gern erspart. Ich hatte mir gedacht, ob man ihm nicht etwa probeweise den Lewin'schen Lehrauftrag geben könnte, zumal da seine auch von Patienten ebenso wie von Studenten überfüllte Klinik ihm eine Art Anspruch darauf zu geben scheint, nicht einfach geschnitten zu werden. Allein nach dem, was Sie mir schreiben, scheint er ja in wissenschaftlichen Kreisen absolut nicht für tanti gehalten zu werden. Wenn seine Ernennung, wie Sie schreiben, in weitesten Kreisen peinliches Aufsehen erregen würde, dann ist sie unmöglich. Unter dieser Voraussetzung bleibt mir nichts Anderes übrig, als der Berufung Lessers von Bern zuzustimmen, so leid mir Lassar auch thut. Es wird auch kaum möglich sein, ihm irgendein Pflaster aufzulegen, da er ja erst eben einen Orden bekommen hat. Können Sie ein anderes Pflaster für ihn ersinnen, so würde es mich freuen es ihm zu applizieren. Aber gegen das Votum der Fakultät kann ich ihn unmöglich berufen [...]. Ich kann die wissenschaftliche Qualifikation Beider nicht beurteilen und verlasse mich in dieser Beziehung absolut auf Ihren so oft bewährten, sachlichen Rath, so schwer es mir auch wird, Lassars Hoffnungen einfach zu zerknicken, vielleicht für immer.«[3]

Lassar erwarb sich zahlreiche Verdienste, so gehörte er 1886 zu den Gründungsmitgliedern der Berliner Dermatologischen Gesellschaft, war 1890 Generalsekretär des internationalen Medizin-Kongresses in Berlin und rief später den »Ärztlichen Klub von Berlin« ins Leben.[4] Lassar arbeitete auch über Fragen der Hygiene, unter anderem bei Robert Koch (1843–1910). Die Einrichtung von städtischen Desinfektionsanstalten war seiner Anregung mit zuzuschreiben, ebenso die Entwicklung der Volksbäder: »Das nach ihm benannte Lassar'sche Volksbrausebad, welches zuerst auf der Hygiene-Ausstellung 1883 gezeigt wurde und die Möglichkeit darstellte, für zehn Pfennige eine ausreichende körperliche Reinigung zu gewähren, ist fast überall eingeführt oder in der Einführung begriffen.«[2]

Oscar Lassar, der eine Fachzeitschrift beim Karger-Verlag gründete, die heute noch existiert (und auf ihn verweist), wurde 1902 zum außerordentlichen Professor ernannt. Noch heute verwenden die Hautärzte die »Lassarsche Paste« zur Behandlung von Ekzemen. Lassar starb hoch verehrt und hochdekoriert am 21. Dezember 1907 in Berlin an einer Sepsis, die er sich durch eine kleine Sportverletzung zugezogen hatte.[4] *ADE*

Literatur:
1 Brugsch, Th. Arzt seit fünf Jahrzehnten. Rütten & Loenning, Berlin, 1965, S. 143–144.
2 Pagel, J. (Hrsg.) Biographisches Lexikon hervorragender Ärzte des neunzehnten Jahrhunderts. Urban & Schwarzenberg, Berlin/Wien, 1901, S. 962–964.
3 Stürzbecher, M., Wagner, G. Die Vorgeschichte der Berufung von Edmund Lesser an die Charité. Verlag Lipsius & Tischer, Kiel, 1962, S. 14–15.
4 Rosenthal, O. Gedenkrede auf Prof. Oscar Lassar. Dermatol Z 1908;15:113–120.

Walter Stoeckel (1871–1961)

Invalidenfriedhof, Feld A

»Was bleibt von diesem Lebenswerk, von dieser Persönlichkeit, die während unserer Zusammenarbeit uns gewaltig [...] erschienen ist? Stoeckel war nicht originell, aber sein Handeln hatte eine ungeheure Durchschlagskraft [...] Darauf beruhte das Geheimnis für die breite Ebene seines Wirkens.«[1]

Walter Stoeckel (1871–1961) war einer der prägenden deutschen Gynäkologen der ersten Hälfte des 20. Jahrhunderts. Er stand insgesamt fünf Universitäts-Frauenkliniken vor, zuletzt und am längsten (1926 bis 1951) der in Berlin.

Er wurde am 14. März 1871 in Stobingen in Ostpreußen geboren. Sein Medizinstudium absolvierte er in Leipzig, München, Jena, Berlin und Königsberg, wo er 1895 das Staatsexamen bestand und ein Jahr später promovierte. Nach einer Fahrt als Schiffsarzt beim Norddeutschen Lloyd ging er für einige Monate an das Pathologische Institut und an die Urologische Klinik in Breslau, ehe er 1898 seine gynäkologische Ausbildung in Bonn begann. Dort war er von 1898 bis 1903 Volontärarzt, dann Assistent und schließlich erster gynäkologischer Oberarzt an der Universitäts-Frauenklinik unter dem Direktorat von Heinrich Fritsch (1844–1915), seinem späteren Schwiegervater. 1903 habilitierte er sich in Erlangen bei Johann Veith (1852–1917) mit einer grundlegenden Arbeit über die Zystoskopie im Bereich der Gynäkologie; Zystoskopie und die von ihm mit inaugurierte Urogynäkologie gehörten zeitlebens zu seinen (operativen) Spezialgebieten. Von 1903 bis 1904 blieb er Oberarzt in Erlangen und leitete schließlich die Klinik als kommissarischer Direktor. 1904 ging er nach Berlin an die II. Universitäts-Frauenklinik unter Ernst Bumm (1848–1925) und wurde bereits ein Jahr später zum (nichtbeamteten außerordentlichen) Professor ernannt.

Das preußische Kultusministerium wurde auf Walter Stoeckel aufmerksam, man lobte seine »hervorragende technisch-operative Geschicklichkeit und eine nicht gewöhnliche rednerische Begabung«[2], sodass er 1907, mit 36 Jahren, gleichzeitig einen Ruf an die Universitätskliniken in Greifswald, Marburg und Erlangen erhielt. Er folgte schließlich dem Ruf nach Marburg, wo er drei Jahre blieb. 1910 bis 1922 war er Direktor der Kieler und 1922 bis 1926 der Leipziger Universitäts-Frauenklinik, bis er schließlich im April 1926 das Direktorat der I. Universitäts-Frauenklinik in der Berliner Artilleriestraße (der heutigen Tucholskystraße) als Nachfolger von Ernst Bumm übernahm. 1950 wurde er emeritiert. Bis zu seinem Tod am 12. Februar 1961 wohnte er weiter auf dem Klinikgelände in einer eigens für ihn eingerichteten Wohnung mit Spreeblick gegenüber dem Berliner Bodemuseum im sogenannten Ida-Simon-Haus. Zu Stoeckels 80. und 85. Geburtstag wurden akademische Feiern im großen Hörsaal der Universitäts-Frauenklinik veranstaltet. Er erhielt Glückwünsche aus Ost und West, sowohl vom damaligen Bundeskanzler Konrad Adenauer (1876–1967) als auch vom Präsidenten der DDR, Wilhelm Pieck (1876–1960).[3] 1960 wurde im Klinikhof eine Bronzebüste von Stoeckel aufgestellt, zu der eigentlich geplanten Benennung des Rondells vor dem Haupteingang der Frauenklinik in »Walter-Stoeckel-Platz« kam es nicht mehr.

Aus seinem reichhaltigen publizistischen Schaffen ist vor allem Stoeckels Lehrbuch über Zystoskopie und Urologie zu erwähnen sowie das 12-bändige »Handbuch der Gynäkologie«, welches er gemeinsam mit Johann Veit (1852–1917) herausgegeben hat. Sein »Lehrbuch der Geburtshilfe« wie auch sein »Lehrbuch der Gynäkologie« erlebten 13 Auflagen.[4] Ende der 1930er Jahre hatte Stoeckel die damals neue Idee, ein »Lehrbuch in Filmen« aus Lehr- und Operationsfilmen zu erstellen. Noch heute existieren im Archiv der Charité einige dieser Aufnahmen.

Ganz besonders hat Stoeckel wohl das wöchentlich erscheinende »Zentralblatt für Gynäkologie« am Herzen gelegen; er hat es fast 48 Jahre, von 1911 bis 1959, geleitet, ehe er die Redaktion an seine Schüler und Oberärzte Gustav Döderlein (1893–1980) und Helmut Kraatz (1902–1983) übergab. Letzterer hatte über seinen Vorgänger und langjährigen Chef 1961 geschrieben: »Die historische Bedeutung Stoeckels für das Fach der Frauenheilkunde liegt nicht in [...] singulären Erkenntnissen und ihrer Auswirkung auf seine Entwicklung, sondern in einer universellen Beeinflussung unserer Disziplin.«[4]

Walter Stoeckel begründete eine wissenschaftlich-klinische Schule, aus der zu seinen Lebzeiten fünf Ordinarien, 15 Habilitierte und 28

Leiter von Kliniken und Krankenhausabteilungen hervorgingen.[4] Kaum noch bekannt ist, dass Stoeckel Anfang des 20. Jahrhunderts als einer der ersten die Zystoskopie in der Gynäkologie nutzte und, wie Felix von Mikulicz-Radecki (1892–1966), ein Stoeckel-Schüler, schrieb: »[D]ank seiner organisatorischen sowie didaktischen Begabung [war er] der erste, der das weite Gebiet der gynäkologischen Urologie systematisch überschaute, sichtete, ordnete und in gefälliger und [...] leicht fassbarer Form seinen Fachkollegen anbot, eben in seinem Lehrbuch.«[1]

Eine weitere von Stoeckel angeregte »Problemlösung« fällt ebenfalls im weiteren Sinne in das Gebiet der Urologie und findet auch heute noch in seltenen Fällen Anwendung: die Ureterknotung zur Versorgung eines weit von der Blase durchtrennten Harnleiters bei Unmöglichkeit einer Anastomosenbildung.

Stoeckels klinischer und operativer Schwerpunkt lag neben der Urogynäkologie im »Karzinomkampf«.[5] Er hat von 1910 bis 1950 fast 7.000 Patientinnen mit einem Zervixkarzinom betreut und größtenteils selbst operiert, als sogenannte absolute Dauerheilung für dieses Kollektiv wird eine Rate von 31,9 Prozent angegeben. Anfangs hatte Stoeckel nach Ernst Wertheim-Bumm (1864–1920), also abdominal, operiert. Hier erkaufte er aber die angestrebte Radikalität mit einer hohen Mortalität, sodass er schließlich den schonenderen vaginalen Weg wählte und 1923 die erste Radikaloperation des Zervixkarzinoms nach Schauta (1849–1919) durchführte. In der Folgezeit nahm er eine Reihe von Änderungen und Verbesserungen an dieser Operation vor, sodass man heute von der Schauta-Stoeckel'schen Methode spricht.[1] Dieses Vorgehen hat im Rahmen des kombiniert laparoskopisch-vaginalen Herangehens an das Zervixkarzinom in den letzten Jahren eine gewisse Renaissance erlebt.

Walter Stoeckel gehörte der zweiten, historisch wichtigen Gynäkologengeneration an, die in Deutschland die zwischen 1880 und 1920 begonnene Zusammenführung von Geburtshilfe und gynäkologischer Chirurgie zu einer einheitlichen Frauenheilkunde zu Ende führte und gleichzeitig damit begann, Grenzgebiete wie die Urologie, die Innere Medizin (Endokrinologie) oder die Radiologie einzubeziehen.

Seine Persönlichkeit, seine über Jahrzehnte reichenden klinischen und wissenschaftlichen Leistungen, seine rednerische und organisatorische Begabung machten Stoeckel Mitte des vorigen Jahrhunderts zum Nestor der deutschen Gynäkologie. *MD*

Literatur:

1 Mikulicz-Radecki, F. v. Leben und Wirken von Walter Stoeckel. Vortrag auf der Gedenksitzung der Berliner Gesellschaft für Geburtshilfe und Gynäkologie am 16. Februar 1962. Z. Geburtsh. Gynäkol. 1962;159:113–142.

2 Meyer, B. 43 Jahre Ordinarius an der Charité. Frauenarzt Walter Stoeckel (1871–1961). Edition Luisenstadt, 1998, S. 54 -57 (https://berlingeschichte.de/bms/bmstext/9810porb.htm, letzter Zugriff: 03.09.2019).

3 David, M. Walter Stoeckel (1871–1961). In: David, M., Ebert, A. D. Berühmte Frauenärzte in Berlin. Mabuse-Verlag, Frankfurt a. M., 2007.

4 Kraatz, H.: Laudatio für Walter Stoeckel. Zentralbl Gynäkol 1961;83:493–502.

5 Stoeckel, W.: Der Karzinomkampf. In: Klinische Vorlesungen. G. Thieme-Verlag, Leipzig, 1953, S. 20–32.

KIRCHHOF DER DOROTHEENSTÄDTISCHEN UND DER FRIEDRICHSWERDERSCHEN GEMEINDE

Theodor Brugsch (1878–1963)

Kirchhof der Dorotheenstädtischen und der Friedrichswerderschen Gemeinde, CM 2 – 5

Er galt als einer der letzten Enzyklopädisten unter den Medizinern – eine Beschreibung, die er im Rückblick übrigens selbst für zutreffend hielt.[1] Als Arzt und Herausgeber von Handbüchern hatte Brugsch versucht, das medizinische Wissen seiner Zeit zu bündeln und als Einheit zu begreifen.

Geboren am 11. Oktober 1878 im steirischen Graz als Sohn des berühmten Berliner Ägyptologen Heinrich Brugsch-Pascha und einer musikalischen Wienerin, wuchs Theodor Brugsch mit vier Brüdern und einer Schwester in der Atmosphäre des Bildungsbürgertums auf. Der Vater machte bereits als Gymnasiast durch seine Beschäftigung mit der demotischen Schrift von sich reden und wurde von Alexander von Humboldt gefördert. Brugsch-Pascha hatte viele Jahre seines Lebens in Ägypten zugebracht. In C. W. Cerams Buch »Götter, Gräber und Gelehrte« findet er mit seinem Bruder Emil Brugsch-Bey Erwähnung. 1881 zog die Familie nach Charlottenburg und 1889 »nach Berlin«, wozu Charlottenburg damals noch nicht gehörte. Im Hause des Ägyptologen und späteren Legationsrats Brugsch-Pascha – den Titel erhielt er 1881 vom ägyptischen Vizekönig Tawfiq – verkehrten Gelehrte, Literaten und Zeitungsleute. Heinrich Schliemann und Prinz Friedrich Karl von Preußen waren gute Freunde der Familie.

Nach dem Abitur auf dem Köllnischen Gymnasium begann Theodor Brugsch 1898 in Berlin das Studium der Medizin. Fand er die Vorlesungen in der Anatomie bei Hans Virchow – dem Sohn des Pathologen – »mordslangweilig«, so jene bei Heinrich Wilhelm Waldeyer »großartig«.[1] Auch dessen Schüler und Mitarbeiter Friedrich Wilhelm Kopsch beeindruckte ihn, und zunächst galt der Anatomie und Mikroskopie sein wissenschaftliches Interesse, wie fünf Originalarbeiten der Jahre 1901–1903 belegen. So hatte Brugsch dann auch erwogen, Anatom zu werden, ging letztlich aber als Volontär zu Friedrich Kraus an die II. Medizinische Universitätsklinik der Charité. Die Beziehung zu seinem Lehrer hat Brugsch später mit einer Ehe verglichen.[1] Mit einer kurzen Unterbrechung in Hamburg blieb er fast 25 Jahre bei Kraus. 1909 erfolgte die Habilitation und 1910, nur anderthalb Jahre danach, die Ernennung des 31-Jährigen zum Professor. In den langen Jahren bei Kraus wurde Brugsch zur eigentlichen Stütze der Klinik. Seine Stärke lag weniger in der Entwicklung und Einführung neuer Therapieverfahren als im Zusammenfassen des Bestehenden. Fast unglaublich muten die Herausgeberschaften von Sammelwerken an, vor allem für den Verlag Urban & Schwarzenberg, darunter die »Ergebnisse der gesamten Medizin« in 22 Bänden, die »Real-Encyclopädie der gesamten Heilkunde« – begründet von Albert Eulenberg – sowie gemeinsam mit Friedrich Kraus die »Spezielle Pathologie und Therapie innerer Krankheiten« in 11 Bänden und 12 Ergänzungsbänden. Besonderen Erfolg hatten seine »Kardiologie« und das »Lehrbuch der inneren Medizin«. Sicherlich inspiriert von seinem Lehrer Kraus, beschäftigte sich Brugsch daneben intensiv mit Persönlichkeits- und Konstitutionsproblemen in ihren Wechselwirkungen mit inneren Erkrankungen – hier bereits psychosomatische und »Ganzheits«-Fragen berührend.

Der Erste Weltkrieg unterbrach die Arbeit an der Charité für einige Jahre. Brugsch absolvierte seinen Dienst vor allem in einem Lazarett in Rumänien. Hier stand die Seuchenbekämpfung im Mittelpunkt seiner ärztlichen Tätigkeit: Fleckfieber, Ruhr, Paratyphus und andere Infektionskrankheiten waren eine Bedrohung für die Truppe und dezimierten sie erheblich.

Aus dem Krieg zurückgekehrt galt es, an Universität und Klinik wieder Normalität einkehren zu lassen. Brugsch widmete sich dem Betrieb der großen Klinik und seiner umfangreichen Publikationstätigkeit. Es bleibt unklar, warum der erfolgreiche und bekannte Internist über so viele Jahre nicht den Absprung schaffte; Möglichkeiten hätte es wohl in Prag, am Rockefeller Institute und in Jena gegeben, aber letztlich hatte er keine davon wahrgenommen. Erst nach der Emeritierung von Kraus 1927 folgte Brugsch einem Ruf nach Halle. Bereits 1931/32 kam es dort zu Unruhen durch den Nationalsozialistischen Deutschen Studentenbund, die vor allem durch die Berufung des pazifistischen Theologen Günther Dehn eine Beschleunigung erfuhren. Brugsch, damals Dekan, gehörte zu

den Hochschullehrern, die versuchten, mit dem Magdeburger Oberpräsidenten eine Befriedung zu finden, was aber unweigerlich zu Brugschs Positionierung gegen den Nationalsozialistischen Studentenbund und deren Protagonisten führen musste. Nach 1933 war Brugsch in Halle verschiedenen Schikanen ausgesetzt – durch die neuen Machthaber, aber auch durch Studenten und einige Kollegen. Brugsch, der nicht weiter einen – aus seiner Sicht – aussichtslosen Kampf führen wollte, bat um Entpflichtung. Die jüdische Abstammung seiner Frau habe eine weitere Rolle gespielt; interessanterweise findet sich aber in seinen Memoiren kein Hinweis darauf.[1]

Wenn nicht alles trügt, ging Brugsch, wie nicht wenige in dieser Zeit, wohl in die innere Emigration und verbrachte die folgenden zehn Jahre als erfolgreicher niedergelassener Internist und Belegarzt in einer Privatklinik in der Augsburger Straße im heimatlichen Berlin. Inzwischen hatte er seine erste Frau Gertrud, die ihm drei Söhne geschenkt hatte, verlassen und mit der Welschschweizerin Andrée drei Töchter, von denen die jüngste die Kriegszeit nicht überlebte. Seine gesamte Habe, darunter eine 10.000 Bände umfassende Bibliothek und viele Erinnerungsstücke, wurde 1943 während eines Bombardements vernichtet. Gegen Ende des Krieges rettete ihn der ihm bekannte und offenbar wohlgesonnene Reichsarzt SS, Ernst-Robert Grawitz, der 1945 für sich und seine Familie den Freitod wählte, vor der Inhaftierung.[1]

Nach dem Zusammenbruch begann für den 67-Jährigen noch einmal eine beachtliche akademische Karriere. Der als unbelastet Eingeschätzte wurde in der sowjetischen Besatzungszone zum gesuchten Helfer für den Neubeginn. Bei der Wiedereröffnung der 1949 in Humboldt-Universität umbenannten Berliner Hochschule sehen wir ihn als den ersten Nachkriegsdirektor der I. Medizinischen Klinik. Es scheint, als habe Brugsch sich aus Überzeugung am Aufbau der jungen DDR beteiligt: als Mitglied des Beirats im Ministerium für Gesundheitswesen, als Abgeordneter in der Volkskammer, als Vizepräsident des Kulturbundes.[2] Erst 1957 wurde der 79-jährige Professor emeritiert. In seiner Freizeit las und malte er gern. Theodor Brugsch starb am 11. Juli 1963 in Berlin. Das Grabmal wird von einem Bronzerelief des Bildhauers Werner Stötzer geschmückt.

UAU

Literatur:

1 Brugsch Th. Arzt seit fünf Jahrzehnten. 10. Aufl., Rütten & Loening, Berlin, 1978.

2 Laschinski, G., Roots, I. (Hrsg.) Das Entstehen der modernen Medizin. Vorträge vor der Berliner Medizinischen Gesellschaft von 1860 bis 1935, ausgewählt von O. Solbrig. ABW Wissenschaftsverlag, Berlin, 2018.

Christoph Wilhelm Hufeland (1762–1836)

Kirchhof der Dorotheenstädtischen und der Friedrichswerderschen Gemeinde, A 2 M – 31 – 35

Christoph Wilhelm Hufeland stammte aus Langensalza in Thüringen, wo er am 12. August 1762 geboren wurde. Schon der Vater und Großvater waren Ärzte wie auch Christophs Bruder Friedrich, der ebenfalls später in Berlin tätig war. Der Großvater, Johann Christoph Hufeland, wirkte als Leibarzt am herzoglichen Hof in Weimar und erreichte, dass sein Sohn Johann Friedrich die Nachfolge antreten konnte. Dieser, nun Leibmedicus der Herzogin Anna Amalia von Sachsen-Weimar-Eisenach – jener Fürstin, die uns heute noch durch ihren Musenhof und die Bibliothek bekannt ist, war ein vielbeschäftigter Mann und überließ die Erziehung seines Sohnes, Christoph Wilhelm, zunächst dem Großvater und nach dessen Tod Hauslehrern.

Schlüsselerlebnisse wurden für den Heranwachsenden Begegnungen mit dem jungen Goethe, der vom noch jüngeren Herzog Karl August als Geheimer Legationsrat an den Weimarer Hof berufen wurde, und Johann Gottfried Herder. Die vier werden sich später als Mitglieder des Illuminatenordens wiederfinden.

1780 schrieb er sich in Jena zum Medizinstudium ein, um bereits ein Jahr darauf nach Göttingen zu wechseln. Seine dortige Dissertation betreute Georg Christoph Lichtenberg. 1783 übernahm Hufeland die umfangreiche ärztliche Praxis seines Vaters, aber die Hoffnung, ebenfalls in die Position des Weimarer Leibarztes aufzurücken, zerschlug sich. Er beschäftigte sich damals mit Kinderkrankheiten und den Pocken, polemisierte gegen den Mesmerschen Magnetismus. Um die Beerdigung Scheintoter zu verhindern, regte er die Errichtung einer Leichenhalle an. 1787 traute ihn Herder mit der Pastorentochter Juliane Amelung. Das Paar bekam sieben Kinder.[2]

1793 nahm Hufeland eine Professur im benachbarten Jena an. Die Sachsen-Weimarsche Universität war damals ein besonderer Ort; für Berufungen trug nicht zuletzt Goethe die Verantwortung. Schiller, Schelling, die Brüder Schlegel, die später das Zentrum des romantischen Kreises waren, und Fichte wirkten eine Zeit lang in Jena.

1797 erschien sein Buch »Die Kunst das menschliche Leben zu verlängern«, das ihn weithin berühmt machen sollte.[3] Dem Titel stellte Hufeland bei späteren Auflagen den Begriff »Makrobiotik« voran, der schon in der hippokratischen Medizin bekannt war, und durch Hufeland, nun vom deutschen Sprachraum ausgehend, eine Wiederentdeckung erfuhr. Hufelands »Makrobiotik« ist eine ganzheitliche, umfassende Betrachtung einer gesunden Lebensführung, in der sich fachmedizinische, hygienische, pädagogische und soziologische Aspekte vereinen und letztlich in Empfehlungen münden. »Man darf diese Kunst nicht mit der gewöhnlichen Medizin oder medizinischen Diätetik verwechseln [...] Die Mittel der Medizin sind nur auf den gegenwärtigen Zustand und dessen Veränderung berechnet, die der Makrobiotik aber aufs Ganze.«[3] Das Buch richtete sich an eine breite Leserschaft, erlebte im 19. Jahrhundert Übersetzungen in viele europäische Sprachen und galt als eines der meistgelesenen seiner Zeit. Deutsche und ausländische Hochschulen bemühten sich um ihn; so hätte er mit attraktivem Gehalt Leibarzt am Hof des russischen Kaisers Paul I. werden können.

Nur wenig später trat eine Entfremdung von der einst geschätzten Jenenser Hochschule ein, sodass ein Angebot aus Berlin, das Direktorat über das Collegium medico-chirurgicum, die Leitung der Charité und die Position des Leibarztes am preußischen Hof zu übernehmen, wohl zur rechten Zeit kam. Anfang 1801 traf Hufeland in Berlin ein. Seine Freude über die neuen Aufgaben wich gleichwohl schon bald einer tiefen Enttäuschung. Viele der überwiegend älteren Kollegen in Berlin machten dem jungen Chef das Leben schwer, die hygienischen Zustände, die er in seinem neuen Verantwortungsbereich vorfand, waren katastrophal und von ihm initiierte Änderungen wurden nur langsam umgesetzt. Bereits 1803 erwog er, auf Avancen aus Göttingen einzugehen. Es gelang Friedrich Wilhelm III., seinen Leibarzt und fähigen Organisator umzustimmen. Eine Dotation ermöglichte den Kauf eines komfortablen Hauses im Tiergarten – Haus »Friedensthal« –, das sich zu einem gastlichen Ort entwickelte.[1] Königin Luise empfand besondere Sympathie für Hufeland. Sie bat ihn 1806, die königliche Familie auf der Flucht vor Napoleons Truppen nach Königsberg und dann Memel zu begleiten. Seine Familie sollte davon jedoch ausdrücklich ausgenommen werden und sich in Pommern in Sicherheit bringen, woran sich seine Frau Juliane gleichwohl nicht hielt: Sie folgte Hufeland mit den Kindern nach

BIN DIE WAHRHEIT
WER AN MICH GLAUBET
WENN ER AUCH STIRBT
SO SPRICHT DER HERR
LIEBE
LICHT
LEBEN
LIEBE
GLAUBE
HOFFNUNG
ICH WEISS AN WELCHEN ICH GLAUBE
CHRISTOPH WILHELM HUFELAND
GEB. D. 12. AUG. 1762
GEST. D. 25. AUG. 1836

Königsberg, um von ihm sofort nach Hause geschickt zu werden. Juliane trennte sich später von ihrem Mann. Erst Weihnachten 1809 kehrte die königliche Familie mit Hufeland nach Berlin zurück.[2] Die inzwischen gegründete Universität sah ihn als ersten Dekan der Medizinischen Fakultät. 1817 wurde Hufeland Staatsrat der Abteilung für Angelegenheiten der Medizinalpolizei des öffentlichen Gesundheitswesens im preußischen Ministerium des Inneren, womit er eine deutliche Machtposition in akademischen und gesundheitspolitischen Angelegenheiten gleichermaßen besaß. Trotz dieser immensen beruflichen Beanspruchung und einer zunehmenden Sehschwäche verzichtete er nicht völlig auf die eigene ärztliche Tätigkeit. Ernst Ludwig Heim – Kollege und Zeitgenosse – meinte dazu, unter den bekannten Berliner Ärzten sei Hufeland »gewiß der schlechteste Practicus« gewesen, dieser hatte »aber freilich durch seine Schriften und als Königl. Leibarzt den größten Ruf«.[1] Seine Gestaltungsmöglichkeiten nutzte er für die gesundheitliche Versorgung der Armen durch die Gründung eines Poliklinikums an der Universität sowie eines Versorgungssystems durch Haus- (beziehungsweise Armen-)Ärzte nach sogenannten Medizinalbezirken. 1810 gründete Hufeland eine medizinisch-chirurgische Gesellschaft, die spätere »Hufelandische Gesellschaft«.

Hufeland begleitete seinen König auch im Januar 1813 bei dessen erneutem Ausweichen vor Napoleon nach Breslau. Friedrich Wilhelm III. wollte ihn später für seine Verdienste um Preußen und sein Haus nobilitieren; Hufeland lehnte ab – eine damals ungewöhnliche Entscheidung.[2]

Christoph Wilhelm Hufeland starb am 25. August 1836 in Berlin. Auf seinem Grabmal stehen Worte aus dem Johannesevangelium: »Ich bin die Wahrheit und das Leben« (Joh. 14,6), »Wer an mich glaubet, der wird leben, wenn er auch stirbt« (Joh. 11,25). *UAU*

Literatur:

1 Heim, E. L. Tagbücher und Erinnerungen, hrsg. von W. Körner. Koehler & Amelang, Leipzig, 1989.

2 Hufeland, C. W. Selbstbiographie, hrsg. von W. v. Brunn. Robert Lutz (Otto Schramm Nachf.), Stuttgart, 1937.

3 Hufeland, C. W. Makrobiotik oder die Kunst das menschliche Leben zu verlängern. 8. Aufl., Georg Reimer, Berlin, 1860.

Werner Körte (1853–1937)

Kirchhof der Dorotheenstädtischen und der Friedrichswerderschen Gemeinde, CK - 4

Friedrich Emil Werner Körte erblickte am 21. Oktober 1853 in Berlin das Licht der Welt. Der Vater, Geheimrat Dr. Friedrich Körte, war ein angesehener Berliner Arzt aus einer weitverzweigten altniedersächsischen Familie, die über Generationen Wissenschaftler und hohe Beamte stellte, die Mutter Marie stammte aus der Gelehrtenfamilie Thaer. Ihr Großvater, Albrecht Daniel Thaer, war zunächst praktizierender Arzt in Celle, dann aber zunehmend Agrarwissenschaftler, der sich um verschiedene Zweige der Landwirtschaft in Braunschweig-Lüneburg und später vor allem in Preußen verdient gemacht hatte. Sein Sohn Ernst, Werner Körtes Großvater mütterlicherseits, war ebenfalls Arzt.

Körte war Schüler am Friedrichswerderschen Gymnasium und absolvierte dort 1870 ein sogenanntes Kriegsabitur (wie es wieder im Ersten und Zweiten Weltkrieg eingeführt wurde). Anschließend meldete er sich freiwillig als Krankenpfleger in einem Lazarett auf dem Lothringischen Schauplatz. 1871 begann er sein Medizinstudium zunächst in Berlin, ging dann aber nach Bonn, wo er Mitglied des Corps Teutonia wurde, und zuletzt nach Straßburg. Hier legte er 1874 das Staatsexamen ab. Im Jahr darauf wurde er unter den Fittichen von Friedrich von Recklinghausen Doktor der Medizin und nachfolgend Assistent von Albert Lücke (1829–1894) an der Chirurgischen Universitätsklinik Straßburg.[1]

1877 begann seine klinische Ausbildung bei Robert Wilms am Diakonissenhaus Bethanien in Berlin. Die Jahre dort wurden für den jungen Arzt eine entscheidende, prägende Schule. 1879 bis 1880 ging Körte auf eine Studienreise, die ihn nach Halle, Magdeburg, Leipzig, Dresden, Prag und Wien führte. Wie sein Lehrer Wilms entschied sich Körte für eine praktisch-ärztliche, klinische Laufbahn. Als Wilms 1880 nach einer Verletzung während einer Operation schwer erkrankte und in der Folge verstarb, vertrat ihn Körte im Diakonissenhaus bis 1881 kommissarisch. Körte ging dann zunächst in die Niederlassung, bis ihn 1889 ein Ruf auf das Direktorat des Städtischen Krankenhauses Am Urban erreichte. Er wirkte 35 Jahre lang in diesem Haus.[1] 1905 hätte er nach Königsberg gehen können, wo sein Bruder Oberbürgermeister war, aber er lehnte den Ruf an die Albertina ab. Auch das spätere Angebot, die Chefposition am Rudolf-Virchow-Krankenhaus zu übernehmen, schlug er aus. Während des Ersten Weltkrieges war Körte beratender Chirurg beim III. Reserve-Korps. Unter den Schülern Körtes verdienen Moritz Borchardt (1868–1935, Direktor der III. Chirurgischen Universitätsklinik am Krankenhaus Moabit) und Otto Nordmann (1876–1946, Chefarzt der II. Chirurgischen Abteilung am Auguste-Viktoria-Krankenhaus, später am Martin-Luther-Krankenhaus) Erwähnung.[2]

Neben von Bergmann und Bier galt Körte in seiner Zeit als eine der wichtigsten Personen in der Berliner Chirurgie. Es ist überliefert, dass Sauerbruch ihn sehr schätzte und Körte sich umgekehrt Sauerbruch in Kollegialität verbunden fühlte. Sauerbruchs Schüler Nissen schrieb: »Die Anfänge der Berliner Zeit wurden Sauerbruch nicht unwesentlich dadurch erleichtert, daß er für schwierige taktische Fragen den Rat von W. Körte einholen konnte. Körte, wohl der populärste Chirurg Berlins, mit der Stadt durch Familiengenerationen verwachsen, war ein lebendiges Beispiel des Preußentums mit seinen guten und seinen anfechtbaren Seiten. Gründlich und gewissenhaft in der Untersuchung und Indikation, zeigte er beim Operieren jene Nervosität und oratorische Grobheit, die für seine Generation fast ein Stigma des Chirurgen war. Seine Arbeitskraft war unerschöpflich, gleichgroß auch die Anforderungen, die er an seine Assistenten stellte. Kurz angebunden und mürrisch in Fragen und Antworten, verbreitete er eine Aura von Unnahbarkeit um sich, die dazu beitrug, die Vorstellung von Weisheit und Erfahrung zu festigen. [...] Jahrzehnte hindurch hat er als Sekretär der Deutschen Gesellschaft für Chirurgie einen großen Einfluss auf ihre Entwicklung ausgeübt; trotzdem hat er niemals das Amt des ständigen Sachwalters dazu mißbraucht, der Königsmacher bei der Wahl von Vorsitzenden, Ehrenmitgliedern usw. zu sein.«[4]

Körte zeichneten eine unglaubliche Stetigkeit und Verlässlichkeit aus. Sein Fleiß war legendär. Neben der ohnehin tagesfüllenden Arbeit in der Klinik und einer beeindruckenden fachschriftstellerischen Tätigkeit war Körte seiner Fachgesellschaft zu Diensten: von 1899 bis 1929 als Schriftführer, 1906 und 1926 als ihr Präsident. 1920 wurde Körte Ehrenmitglied, 1930 Ehrenvorsitzender der Gesellschaft. Von 1914 bis 1929 war er zusätzlich Vorsitzender der Berliner Chirurgischen Gesellschaft.

Schließlich war er seit 1899 gemeinsam mit Carl Gussenbauer und Ernst von Bergmann auch noch Mitherausgeber des »Archivs für Klinische Chirurgie«. Man ehrte den Chirurgen mit den Titeln Professor, Geheimer Sanitätsrat, ernannte ihn zum Generaloberarzt. 1933 wurde ihm der Adlerschild des Deutschen Reiches verliehen. Die Deutsche Gesellschaft für Chirurgie zeichnet seit 1972 hervorragende Vertreter des Faches mit der Körte-Medaille in Gold oder Silber aus.

Er hat viel geschrieben: bereits 1892 eine stark beachtete Monographie »Ueber die Chirurgie der Gallenwege und der Leber« (Sammlung klinischer Vorträge), für Leydens »Die Deutsche Klinik am Eingange des zwanzigsten Jahrhunderts« den Abschnitt über die Erkrankungen des Mastdarms, 1905 »Beiträge zur Chirurgie der Gallenwege«, in der großen Operationslehre von Bier, Braun und Kümmell über die operativen Eingriffe an der Leber, den Gallenwegen, der Milz und im retroperitonealen Raum und in der »Deutschen Chirurgie« über »Die chirurgischen Krankheiten und die Verletzungen des Pankreas«.[3] Seine Erlebnisse im Ersten Weltkrieg erschienen – zunächst nur für die Familie gedacht – als »Erinnerungen aus dem Welt-Kriege 1914 bis 1918« bei Springer. Werner Körte war mit Luise Auguste Delbrück, einer Tochter des bekannten Bankiers Adelbert Delbrück, verheiratet.

»Werner Körte war eine überaus würdige imponierende Gestalt. Er war die Korrektheit in Person, gegen sich selbst wie gegen seine Mitarbeiter streng, ein vom kategorischen Imperativ beseelter Preuße und Berliner, der großes Ansehen bei seinen Mitbürgern, Patienten und Kollegen besaß, ein Mann von unermüdlichem Fleiß [...]. Er starb in Berlin am 3. Dezember 1937.«[2] Sein Stein im Familiengrab trägt den biblischen Vers: »Ein treuer Mann wird viel gesegnet« (Sprüche Salomos 28,20).

UAU

Literatur:

1 Borchardt, M. Werner Körte zum 70. Geburtstag. Dtsch med Wochenschr 1923;49(42):1344-5.

2 Killian, H. Meister der Chirurgie und die Chirurgenschulen im gesamten deutschen Sprachraum. Georg Thieme, Stuttgart, 1980.

3 Lange, J. Werner Körte, ein großer Chirurg seiner Zeit. Berliner Ärzteblatt (Rotes Blatt) 2003;116:323-4.

4 Nissen, R. Helle Blätter – dunkle Blätter. Erinnerungen eines Chirurgen. Ecomed Verlagsgesellschaft, Landsberg, 2001 (© Deutsche Verlags-Anstalt, Stuttgart, 1969).

FRIEDHOF I DER FRANZÖSISCH-REFORMIERTEN GEMEINDEN

MITTE

Emil du Bois-Reymond (1818–1896)

Friedhof I der französisch-reformierten Gemeinden, Feld C-10-20, G2

Mit der historischen Person Emil du Bois-Reymond verbindet man noch heute seine grundlegenden Erkenntnisse über die neuromuskulären Funktionen, seinen vielinterpretierten Ausspruch von der Universität als »dem geistigen Leibregiment der Hohenzollern« (1870) und seine berühmte »Ingnorabimus«-Rede (Leipzig, 1872). Wer war dieser Mann, der als Physiologe medizinhistorisch in einer Reihe mit Brücke, Ludwig und Helmholtz steht?

Emil Heinrich du Bois-Reymond wurde am 7. November 1818 geboren, seine Eltern waren Felix Henri du Bois-Reymond (1782–1864) und Minette Reymond (1789–1865).[1] Seine Mutter stammte aus einer hugenottischen Familie, zu deren Vorfahren der bekannte Grafiker Daniel Chodowiecki (1726–1801) gehörte. Du Bois-Reymonds Vater war ursprünglich Uhrmacher aus dem damals preußischen Schweizer Kanton Neuchatel. Er ging mittellos nach Berlin und beendete später seine Karriere durch Fleiß, wissenschaftliche Neugierde und literarisches Talent als preußischer Geheimer Regierungsrat im Ministerium des Auswärtigen. Die Familie ermöglichte es ihrem Emil, einige Jahre umfassend, aber auch noch recht ziellos, in Berlin und Bonn zu studieren. Wichtiger als die Vorlesungen seiner Professoren und für sein Leben prägend war für den mathematisch und physikalisch inzwischen gut vorgebildeten du Bois-Reymond die Freundschaft mit dem Mediziner Eduard Hallmann (1813–1855), der ihn als Assistent Johannes Müllers (1801–1858) für die wissenschaftliche Medizin gewann.[2] Als Hallmann zu Theodor Schwann (1810–1882) nach Leuven wechselte, erhielt Emil Du Bois-Reymont dessen Stelle am Anatomischen Museum. Die erste Zeit bei dem berühmten Müller war nicht einfach, Müllers schroffe Art lag den wenigsten, doch Du Bois-Reymond blieb. Hier lernte er auch seine zukünftigen kongenialen Kollegen und späteren Freunde kennen: Ernst Brücke (1819–1892) und Hermann Helmholtz (1821–1894). Entscheidend war wohl jener Augenblick, wo ihm Johannes Müller die Arbeit »Essai sur les phénomènes électriques des animaux« (1840) des italienischen Physikers Carlo Matteucci (1811–1868) mit der Bitte (oder dem Auftrag?) zur Überprüfung vorlegte. Dieser Aufgabe entledigte sich du Bois-Reymond mit Bravour, indem er die Frage der »thierischen Electricität«, heute würden wir Elektrophysiologie dazu sagen, als seine Lebensaufgabe erkannte und eigenständig begann, neue Messinstrumente zu entwickeln. Nebenbei studierte er weiter Medizin und wurde auch – als Zögling der Pépinière selbstverständlich – Kompanie-Chirurg mit der Pflicht des entsprechend zu absolvierenden Militärdienstes.[3] Doch seine Abneigung gegenüber der klinischen Arzttätigkeit saß tief. Am 10. Februar 1843 wurde er mit der Schrift »Quae apud veteres de piscibus electris exstant argumenta« promoviert, aber bereits kurz zuvor publizierte du Bois-Reymond seine erste elektrophysiologische Arbeit über »Froschstrom« und »elektromotorische Fische« in Poggendorfs Annalen der Physik und Chemie. 1845 gehörte er zu den Gründungsmitgliedern der Berliner Physikalischen Gesellschaft. 1846 habilitierte sich du Bois-Reymond bei J. Müller, nahm aber die akademische Lehrtätigkeit bis 1854 nicht auf, um sich von seinen Studien nicht ablenken zu lassen. 1848 erschien der erste Band seines berühmten Buches »Untersuchungen über thierische Electricität«, 1849 folgte ein Teil des zweiten Bandes, 1860 ein weiterer und die letzte Hälfte erst 1884. Allerdings lehrte er auch »nebenbei« Anatomie an der Akademie der Künste, die schon sein Urgroßvater D. Chodowiecki leitete. Alexander von Humboldt (1769–1859) ließ es sich damals nicht nehmen, den jungen Gelehrten in seinem Experimentierstübchen zu Hause zu besuchen und mit du Bois-Reymond die Versuchsanordnungen und Ergebnisse zu diskutieren. Alexander von Humboldt und Johannes Müller empfahlen 1851 der Preußischen Akademie der Wissenschaften, den damals dreiunddreißigjährigen du Bois-Reymond als ihr ordentliches Mitglied aufzunehmen.[1] »Das Leben lässt sich physikalisch und chemisch erklären und auf entsprechende Gesetzmäßigkeiten zurückführen, die man experimentell nachweisen kann!« – das war das Credo der jungen Physiologen um die Mitte des 19. Jahrhunderts und somit auch du Bois-Reymonds. Es gibt keine ominöse »Lebenskraft«, außerhalb der Naturwissenschaft. Erst später

schränkte er seinen grenzenlosen Erkenntnisoptimismus etwas ein, als er seinen Vortrag »Über die Grenzen der Naturwissenschaften« auf der Leipziger Versammlung Deutscher Naturforscher und Ärzte mit dem berühmten »Ingnorabimus – Wir werden es niemals wissen« beendete und sein gedruckter Vortrag überall verbreitet wurde. Als eine Absage an den wissenschaftlichen Fortschritt kann man diese Rede vor dem Hintergrund der aktuellen digitalen Informationsrevolution heute allerdings nicht mehr verstehen, sondern eher als wohlwollenden Hinweis.

Emil du Bois-Reymond heiratete 1853 Jeanette Claude (1833–1910), gemeinsam hatten sie vier Söhne und fünf Töchter. 1855 wurde du Bois-Reymond zum außerordentlichen Professor der Berliner Universität bestellt. Als 1858 Johannes Müller starb, wurde dessen Lehrstuhl geteilt: Karl Bogislaus Reichert (1811–1883) wirkte fortan als Anatom und Embryologe, und Emil du Bois-Reymond erhielt das Ordinariat für Physiologie. Ab 1867 war er auch ständiger Sekretär der mathematisch-naturwissenschaftlichen Klasse und Präsident der Akademie der Wissenschaften sowie mehrfach Rektor der Friedrich-Wilhelms-Universität Berlin (1869/1870 und 1882/1883). Trotz hugenottischer Abstammung war Emil du Bois-Reymond durchaus ein preußisch-königstreuer Patriot. Sein Ausruf, dass die Universität das geistige Leibregiment der Hohenzollern sei, dürfte zu jenem Zeitpunkt – vor dem Hintergrund des Deutsch-Französischen Krieges und der Schaffung der deutschen Einheit unter Bismarck – aus tiefstem Herzen und ohne jegliches Kalkül gewesen sein.[1]

Emil du Bois-Reymond starb am 26. Dezember 1896 in Berlin. Paul von Grützner beschrieb ihn wie folgt: »Du Bois-Reymond war mittelgroß, von gedrungenem Körperbau und hervorragender körperlicher Gewandtheit, die er unter anderem im Turnen und Schlittschuhlaufen bethätigte. Man hätte ihn nach seinem Aeußeren auf den ersten Blick für einen Mann eines schweren Handwerks gehalten; freilich das etwas tief in den Schultern sitzende gewaltige Haupt mit den lebhaft glänzenden Augen und gar das lebhafte Mienenspiel seines ausdrucksvollen Gesichtes beim Sprechen zeigten, daß man es mit einem Manne zu thun hatte, der, wenn nötig, mit körperlicher Kraft und Ausdauer schwerste und anstrengendste geistige Arbeit zu verrichten gewohnt war.«[3]

Zu seinen berühmtesten Schülern zählten u. a. Eduard Pflüger (1829–1910), Isidor Rosenthal (1836–1915), Rudolf Heidenhain (1834–1897), Wilhelm Kühne (1837–1900), Ludimar Hermann (1838–1914), Julius Bernstein (1839–1917) und Albert von Bezold (1836–1868). *ADE*

Literatur:

1 Herneck, F. Emil Du Bois-Reymond (1818–1896). In: Harig, G. (Hrsg.) Deutsche Forscher aus sechs Jahrhunderten. VEB Bibliographisches Institut, Leipzig, 1965, S. 201–207.

2 Andree, Ch. Emil Du Bois-Reymond. In: Treue, W., Winau, R. (Hrsg.): Berlinische Lebensbilder. Mediziner. Colloquium Verlag, Berlin, 1987, S. 133–149.

3 Grützner, P. v. Du Bois-Reymond, Emil. Allgemeine Deutsche Biographie (ADB) 1904 (s. www.deutsche-biographie.de, letzter Zugriff: 16.02.2020).

Paul Caffier (1898–1945)

Friedhof I der französisch-reformierten Gemeinden, Feld F

Im Morgengrauen des 29. April 1945 begann die 301. Schützendivision der Roten Armee mit dem letzten großen Sturmangriff auf Berlin. Zwei russische Schützenregimenter griffen das Gestapohauptquartier in der Prinz-Albrecht-Straße an. In Berlin-Mitte, dem Regierungsviertel, wimmelte es von deutschen Truppen, die sich dorthin zurückgezogen hatten. Insgesamt waren es etwa 10.000 Mann, darunter viele ausländische SS-Männer. Am Nachmittag des 30. Aprils 1945, gegen 15.30 Uhr, nahmen sich Adolf Hitler und seine ihm in der Nacht zuvor angetraute Ehefrau Eva Braun das Leben. Am 1. Mai, gegen zwei Uhr nachts, machte sich Generalleutnant Hans Krebs (1898–1945) auf den Weg vom Reichskanzlei-Bunker zu Waffenstillstandsverhandlungen nach Berlin-Tempelhof, wo der sowjetische Generaloberst Tschiukow (1900–1982) Quartier genommen hatte. Die Verhandlungen scheiterten.[1]

In dem gegenüber dem Bodemuseum gelegenen Bunker der Berliner Universitäts-Frauenklinik fanden am frühen Morgen des 1. Mai 1945 der Dozent Dr. Wilhelm Breipohl (1907–1945) und der Erste Oberarzt der Klinik, Professor Paul Caffier (1898–1945), den Tod – ein russischer Spähtrupp, der sie fälschlicherweise für Offiziere gehalten hatte, erschoss beide: »Prof. Caffier stieß auf einen russischen Soldaten, der behauptete, hier im Bunker wäre ein deutscher Soldat versteckt. Er hatte diesen Verdacht bekommen, weil der Dozent Dr. Breipohl, der unmittelbar an der Bunkertür schlief, und nur mit einer schwarzen Hose und einem Hemd bekleidet war und keinen weißen Mantel anhatte, von den Russen für einen Soldaten gehalten wurde«, so beschrieb Walter Stoeckel (1871–1961) die tragische Situation aus seiner Erinnerung.[2] 24 Stunden später – am 2. Mai, um 6 Uhr morgens – kapitulierten die deutschen Truppen in Berlin.

Wilhelm Breipohl und Paul Caffier wurden zunächst vorläufig auf dem Hof der Frauenklinik beigesetzt und später umgebettet. Das Grab von Wilhelm Breipohl befindet sich heute in seiner Geburtsstadt Bielefeld, das von Paul Caffier auf dem Französischen Friedhof in der Berliner Chausseestraße.

Mitte Mai erlaubten es die Umstände schließlich, dass der Klinikdirektor Walter Stoeckel Worte des Gedenkens an die Mitarbeiter der Universitäts-Frauenklinik richten konnte: »Paul Caffier war ein Mann der Zukunft [...] Er stand auf den Berufungslisten von drei Universitäten [...] und nur der Krieg hat es verhindert, daß er damals die Leitung einer dieser Kliniken erhielt. [...] Ich habe ihm viel zu verdanken. Mit ihm ist mir ein besonders zukunftsreicher Repräsentant meiner Schule und einer von denen genommen worden, die mein Werk fortsetzen und das, was ich erstrebte, mit größerem Erfolg erreichen sollten.«[3]

Paul Ottomar Johannes Caffier wurde am 19. Dezember 1898 in Leipzig geboren. Sein Vater war Großkaufmann für Tuche und starb 1913, seine Mutter bereits 1904, sodass er gemeinsam mit seiner Schwester bei Verwandten großgezogen wurde. Am Ersten Weltkrieg nahm er als Freiwilliger bei einem Infanterieregiment in Flandern teil und brachte es bis zum Leutnant. Nach dem Notabitur 1917 studierte er ab November 1918 an der Universität Leipzig, später auch in Greifswald, Freiburg im Breisgau und Jena Medizin, in Leipzig von 1923 bis 1925 außerdem Philosophie. Die Approbation erhielt er im Mai 1924 in Dresden.[4]

Ab 1. Januar 1925 war er Volontärarzt an der Universitätsfrauenklinik Leipzig unter Walter Stoeckel, dem er 1926 an die Berliner I. Universitäts-Frauenklinik folgte. 1929 unternahm er eine mehrmonatige Studienreise durch die USA und Kanada. 1931 habilitierte sich Paul Caffier in Berlin und ging ein Jahr später mit dem langjährigen Stoeckel'schen Oberarzt Felix von Mikulicz-Radecki (1892–1966) nach Königsberg, wo dieser Ordinarius wurde.

Paul Caffier wurde im Oktober 1933 Mitglied der SA, bereits im Mai 1933 war er in die NSDAP eingetreten. Weder in den Archivunterlagen noch in mündlichen Überlieferungen finden sich irgendwelche Hinweise auf politische Aktivitäten von Paul Caffier im Sinne der nationalsozialistischen Ideologie. Es waren wohl auch bei ihm weniger politische als vielmehr opportunistische und sich an materiellen Aspekten orientierende Erwartungen, die sich mit der Mitgliedschaft in NS-Organisationen verbanden.

1934 kehrte Paul Caffier an die Berliner Universitäts-Frauenklinik zurück. Nachdem er 1936 zunächst nichtbeamteter Professor wurde und somit wohl die finanzielle Grundlage für eine Familiengründung gegeben war, heiratete er Maria Charlotta Manfroni. Im Juni 1938 sollte

am staatlichen Musterkrankenhaus in Ankara die Stelle eines Leiters der gynäkologisch-geburtshilflichen Abteilung mit einem deutschen Wissenschaftler besetzt werden. Caffier wurde gebeten mitzuteilen, ob er grundsätzlich bereit wäre, einen Ruf der türkischen Regierung auf diese Stelle anzunehmen.[4] Er blieb aber in Berlin, denn am 1. Oktober 1938 übernahm Günther K. F. Schultze (1896–1945) das Ordinariat in Greifswald, sodass Caffier zum 1. Oberarzt der Klinik aufrücken konnte. 1939 wurde er beamteter außerordentlicher Professor. Im Zweiten Weltkrieg war Caffier bis zu seiner Unabkömmlichstellung im Oktober 1940 als Stabsarzt in einem Lazarett eingesetzt.

Das Verzeichnis der wissenschaftlichen Arbeiten von Paul Caffier aus dem Jahre 1943 umfasst insgesamt 111 Arbeiten. Er hat sich unter anderem bereits früh mit Methoden der Gewebezüchtung befasst. Seine Hauptarbeitsgebiete waren der normale und pathologische Menstruationszyklus und andere endokrinologische Fragestellungen. Interessant sind seine Arbeiten zur Verbesserung der Fruchtbarkeit.[4]

Caffier war Ende 1944 noch bei seiner Familie im Erzgebirge gewesen und fuhr dann wieder in das umkämpfte Berlin zu seinen Patientinnen in der Klinik, in die Artilleriestraße, zurück. In diesem Zusammenhang schreibt Stoeckel: »Ich hatte, als es wahrscheinlich wurde, daß Berlin Kriegsschauplatz werden würde, den Oberarzt und die Assistenten kommen lassen, hatte ihnen die Situation und ihre Prognose dargestellt und ihnen gesagt, daß sie ehrlich und klar zu der Frage Stellung nehmen sollten, ob sie Berlin verlassen oder an der Klinik bleiben wollten. Ich hatte betont, daß ich meinen Platz nicht verlassen würde, daß dieser Entschluß aber einem alten Mann, der sein Leben ausgelebt hätte, nicht schwer fiele, sie alle wären noch jung und hätten das beste von ihrem Leben noch vor sich. Ich würde es ihnen nicht verübeln, wenn sie gingen, sie müßten es jetzt nur offen sagen. Caffier erklärte sofort im Namen der Assistentenschaft, daß selbstverständlich alle bleiben würden.«[5]

MD

Literatur:

1 Fest, J. Der Untergang. Hitler und das Ende des Dritten Reiches. Alexander Fest, Berlin, 2002.

2 Stoeckel, W. Bescheinigung (... Schilderung über den Tod von Prof. Dr. Paul Caffier), 16. Oktober 1945. Universitätsarchiv Humboldt-Universität zu Berlin. Personalakte Prof. Paul Caffier, UK C 2, Bd. 2.

3 Stoeckel, W. Die erste Versammlung der Betriebsgemeinschaft nach der Schlacht um Berlin im Mai 1945. In: Ansprachen von Walter Stoeckel. Thieme, Stuttgart, 1952, S. 33–40.

4 Universitätsarchiv Humboldt-Universität zu Berlin. Personalakte Prof. Paul Caffier, UK C 2, Band 1–3.

5 Stoeckel, W.: Berlin XV. Der zweite Weltkrieg IX (1945). In: Gelebtes Leben. Autobiographie. Als Manuskript gedruckt, Berlin, 1954, S. 179–184.

Otto Lubarsch (1860–1933)

Garnisonfriedhof, Feld I

Otto Lubarsch wurde als Sohn von Jacob Lubarsch und seiner Frau Rosalie, geborene Collin, am 4. Januar 1860 in Berlin geboren. Er studierte zunächst Philosophie und Naturwissenschaften in Leipzig und Heidelberg, bevor er in Jena, Berlin, Heidelberg und Straßburg Medizin studierte.[1] Die Promotion erfolgte 1883, das Staatsexamen wurde 1885 abgelegt. Zunächst bildete sich Lubarsch bei Hugo Kronecker (1839–1914) im Berner Physiologischen Institut weiter (Mai bis November 1885) sowie bei den Pathologen Eugen Bostroem (1850–1928) in Giessen (Dezember 1885 bis April 1886) und Emil Ponfick (1844–1913) in Breslau (April 1886 bis Oktober 1887), bevor er ins Virchow'sche Institut nach Berlin wechselte (1888). Mit der Unterstützung Rudolf Virchows (1821–1902) und Friedrich Althoffs (1839–1908) ging er kurz darauf an die berühmte biologische Forschungsstation nach Neapel (Januar bis Juni 1889) und wurde anschließend (am 15. Juni 1889) der Assistent von Edwin Klebs (1834–1913) in Zürich, bei dem er sich mit der Arbeit »Über die Ursachen der angeborenen und erworbenen Immunität« 1890 habilitierte. Ab September 1891 arbeitete Lubarsch am Pathologisch-anatomischen Institut bei Albert Thierfelder (1842–1908) an der Universität Rostock, wo er 1894 zum außerordentlichen Professor avancierte. Bereits 1893 heiratete er Margarete Freiin von Hanstein (1861–1940).

Die Beziehung zwischen Thierfelder und Lubarsch sowie seinem Umfeld blieb nicht konfliktfrei. Sich selbst als »unbequemen Untergebenen« charakterisierend, erhielt er dennoch von F. Althoff ab Oktober 1899 die Stelle des Leiters der pathologisch-anatomischen Abteilung des neugegründeten Hygiene-Instituts sowie des Prosektors am Städtischen Krankenhaus in Posen.[2] 1903 folgte Lubarsch einer Berufung an die neugegründete Akademie in Posen. Nach verschiedenen Zerwürfnissen schied Lubarsch aus der Akademie aus und siedelte mit der Familie nach Berlin-Lichterfelde um, wo er de facto nebenberuflich die Prosektur des dortigen Leiters des Krankenhauses, Professor Schwenninger (1850–1924), übernahm. Ab November 1905 wurde er zum Vorsteher der pathologischen Abteilung im Krankenstift Zwickau ernannt, wo er ab 1906 mit dem bekannten Chirurgen Heinrich Braun (1862–1934) klinisch zusammenarbeitete.

1907 wurde Otto Lubarsch die Stelle eines ordentlichen Mitglieds der Akademie für praktische Medizin in Düsseldorf angeboten, einer Stellung, die seinerzeit als »universitätsäquivalent« verstanden wurde. Lubarsch nahm diese Berufung an. Hier in Düsseldorf war er ab 1909 Direktor der städtischen Krankenanstalten und bis 1912 auch Geschäftsführender Professor der Akademie.

1913 wurde Lubarsch zum ordentlichen Professor und Direktor des Pathologischen Instituts an die Universität Kiel berufen, womit sich seine akademischen Wünsche, die Heimkehr an eine »richtige« Universität, zunächst erfüllten.

1917 erhielt Otto Lubarsch als Nachfolger Johannes Orths (1847–1923) den Ruf auf den Virchowschen Lehrstuhl in Berlin. Sein Sohn starb damals mit 21 Jahren als Flieger an der Westfront. Die Sinnlosigkeit des Todes des Sohnes und die deutsche Kriegsniederlage führten bei dem sehr national gesinnten Pathologen zu einem Nervenzusammenbruch,[1] sodass er zunächst zeitweise nicht arbeitsfähig war.[2] Walter Stoeckel (1871–1861) erinnerte sich in seinen Memoiren: »Am besten kann ich noch mit Lubarsch aus, der sich so aktiv für mich eingesetzt hatte. Ich erhielt Gelegenheit, seinen ungeheuren Fleiß zu bewundern. Schon früh um fünf Uhr fuhr Lubarsch mit dem ersten Arbeiterzug der S-Bahn in sein Institut und blieb dort bis zum späten Abend. Die Staatsexaminanden waren entsetzt, wenn er sie morgens um sechs Uhr zur Prüfung bestellte. Sein Antisemitismus hatte nicht nachgelassen. Er betätigte sich in der Deutschnationalen Partei und trat öfter als politischer Redner auf. Er starb schwer und qualvoll am 1. April 1933 an einem Herz-Thrombus in der Charité, nachdem er Hitlers Machtübernahme noch erlebt und begrüßt hatte. Wohl ihm, dem Juden, daß er seinen furchtbaren Irrtum nicht mehr zu erkennen brauchte. Er hat nicht mehr vernommen, dass zehn Tage später, an seinem Sterbetag, SA- und SS-Männer vor den Hörsälen standen, um die Studenten aufzufordern, die Vorlesungen jüdischer Ärzte zu boykottieren.«[3]

Lubarsch galt als hervorragender Pathologe seiner Zeit, so noch einmal Walter Stoeckel: »Der große Pathologe Lubarsch war es, den man ausgewählt hatte, die Leiche Friedrich Eberts [1871–1925, d. Verf.] zu öffnen, nachdem das Gerücht kursierte, Prof. Bier [August Bier, 1861–1949, d. Verf.] habe bei der Operation einen Kunstfehler begangen. Durch Lubarschs unerschütterliches Gutachten war Bier völlig rehabilitiert worden.«[3]

Wilhelm Ceelen (1883–1964), der jahrelang mit Lubarsch als dessen Prosektor im Berliner Institut zusammengearbeitet hatte, schrieb in seinem Nachruf 1933 in Bonn: »Nach seinem Ausscheiden als Direktor des Berliner Pathologischen Institutes setzte Lubarsch seine wissenschaftliche Arbeit in unveränderter Weise fort. Ein ihm von seinem Nachfolger überlassenes Zimmer im Institut bildet die Stätte, von der durch Lubarschs ganz ungewöhnliche Tätigkeit als Herausgeber wichtigster Archive und Sammelwerke die Verbindungsdrähte zu den Pathologischen Instituten des Inlandes und des Auslandes führten. Die Pünktlichkeit, mit der er Antworten erteilte, und die Schärfe, mit der er an eingereichten Arbeiten Kritik übte, waren zwar nicht immer angenehm, aber achtunggebietend und in mancher Weise vorbildlich. Jeder einzelne Tag war eingeteilt und ausgefüllt [...]. Die Frische und Regsamkeit seines Geistes ließ ihn darüber hinaus immer wieder zu den innerpolitischen Erschütterungen seines Vaterlandes und den Vorgängen in der großen Welt Stellung nehmen. Noch wenige Tage vor dem Beginn seiner Erkrankung legte er mir an einem Abend, den ich in seinem Haus verbrachte, seine politischen Erwartungen dar, die er in die gerade hereinbrechende nationale Erhebung setzte [...]. Die plötzliche schwere Erkrankung machte seine Überführung in die Klinik notwendig. Hier hörte er noch am 21.III. in höchster Ergriffenheit von seinem Krankenbett aus die Übertragung der großen nationalen Feier in Potsdam. Es war wohl das letzte große Erlebnis für ihn, den stets national denkenden und fühlenden Patrioten, der mit dem Mut des Bekenners häufig den vergangenen Regierungsgewalten entgegengetreten war, unbeirrt durch die Konflikte und persönlichen Nachteile, die ihm hier raus entstehen mussten. So ist er von uns gegangen im Glauben an Deutschland zu widerstehen, umgeben von der großen Liebe seiner Gattin und Tochter, begleitet von der Achtung und Freundschaft der Mitarbeiter und Schüler, die ihm näher getreten waren und sein eigentliches Wesen kannten.«[4]

Nachfolger Otto Lubarschs als Direktor des Pathologischen Institutes der Friedrich-Wilhelms-Universität zu Berlin wurde – aus Jena kommend – Robert Rössle (1876–1956). *ADE*

Literatur:

1 Prüll, C.-R. Otto Lubarsch (1860–1933) und die Pathologie an der Berliner Charité von 1917 bis 1928: Vom Trauma der Kriegsniederlage zum Alltag eines deutschnationalen Hochschullehrers in der Weimarer Republik. Sudhoffs Archiv 1997;81:193–210.

2 Lubarsch, O. Ein bewegtes Gelehrtenleben. Julius Springer Verlag, Berlin, 1931.

3 Stoeckel, W. Erinnerungen eines Frauenarztes. Kindler Verlag, 1966, S. 178–179, 187.

4 Ceelen, W. Otto Lubarsch†. Dtsch med Wochenschr 1933;59:584–585.

FRIEDHOF DER JÜDISCHEN GEMEINDE

James Adolf Israel (1848–1926)

Friedhof der Jüdischen Gemeinde, Feld B

Als Ferdinand Sauerbruch (1875–1951) in einer seiner Vorlesungen während der Nazizeit an der Charité einen Nierenfall besprach, rühmte er James Israel als einen der größten Urologen. Daraufhin fingen die anwesenden Nazi-Studenten zu pfeifen und zu zischen an.[1] Als sich der Lärm gelegt hatte, sagte Sauerbruch ganz trocken: »Meine Herren, wenn Sie alle vergessen sein werden, wird der Name James Israels noch leuchten!« [2] So erinnerte sich Paul Rosenstein (1875–1964), Israels Schüler und Amtsnachfolger, in seinen Memoiren. Wer war jener James Adolf Israel?

James Israel wurde am 2. Februar 1848 als Sohn von Adolph Israel (1816–1892), einem wohlhabenden jüdischen Seidenfabrikanten, und Johanna Israel, der Tochter des jüdischen Stadtverordneten und Kommerzienrates Joel Wolff Mayr (1794–1869), geboren.[3] James Israel besuchte das Friedrich-Wilhelms-Gymnasium in Berlin und legte 1865 sein Abitur ab. Dann studierte er an der Berliner Friedrich-Wilhelms-Universität Medizin, bestand 1867 das Tentamen physikum und konnte am 7. Juni 1870 seine Dissertation »Fünf Fälle von diffuser Nephritis« verteidigen. Am Deutsch-Französischen Krieg von 1870/71 nahm Israel als Assistenzarzt teil und erhielt das Eiserne Kreuz 2. Klasse. Nach dem Krieg unternahm er Ausbildungsreisen nach Wien und erhielt – zurück in der preußischen Hauptstadt – 1872 eine Assistenzarztstelle im Israelitischen Krankenhaus in der Auguststraße: »Der Vorstand der Gemeinde musste sehr weitschauend und großzügig gedacht haben, denn bei der Errichtung des Krankenhauses [...] hatte man zwei ordentliche Professoren der Universität als Chefärzte verpflichtet, nämlich Prof. Traube, einen Juden, für die innere Station, und Prof. von Langenbeck, einen Christen, für die chirurgische Abteilung. James Israel arbeitete als junger Assistent bei Prof. von Langenbeck, der auch die Klinik der Universität in der Ziegelstraße leitete.«[2]

1874 unternahm Israel auf eigene Kosten eine Reise nach Edinburgh, um hier das neue Listersche Carbolspray-Verfahren kennenzulernen und führte es in Berlin ein. Im gleichen Jahr bestellte man Israel durch Fürsprache von Langenbecks zum »Stellvertreter des Dirigierenden Arztes für die Chirurgische Station«. 1880 wurde Israel Langenbecks Nachfolger.

Im Dezember des gleichen Jahres heiratete Israel Meta Goldstein. Das Paar hatte vier Kinder: Die Söhne Wilhelm (1881–1959) und Arthur (1883–1969) wurden ebenfalls Chirurgen und gehörten bis 1933 zum Lehrkörper der Medizinischen Fakultät der Berliner Universität. Die jüngere Tochter Else konnte emigrieren, während die ältere Tochter Charlotte (1884–1942) in Auschwitz ermordet wurde.

Eine Habilitation schien James Israel nicht angestrebt zu haben. Die akademische Situation war damals nicht nur durch den vorhandenen antisemitischen informellen Konsens kompliziert, sondern auch durch die Tatsache, dass es zum Beispiel für das Fach Urologie (und andere sich entwickelnde »Spezialfächer«) noch gar keine Ordinariate gab.[4] Israel wurde allerdings eine Professur mit der Voraussetzung der Taufe angeboten, was er ablehnte. Mit Unterstützung Ernst von Bergmanns (1836–1907) erhielt Israel dann 1894 den Titel eines Professors.

James Israel entwickelte sich zu einem der Begründer der chirurgischen Urologie und war doch auch als Grundlagenforscher erfolgreich: Zu seinen medizinhistorischen Verdiensten gehört die Erstbeschreibung der Aktinomykose (Actinomyces israelii) beim Menschen. Insgesamt blieben die Nierenchirurgie und später auch die Chirurgie der Harnleiter seine Schwerpunkte. Hier schuf er vor dem Hintergrund der Asepsis und Antisepsis, der Bakteriologie und der Hygiene neue Operationstechniken und erweiterte die Indikationen. Seine wichtigsten Werke waren die »Chirurgische Klinik der Nierenkrankheiten« (Berlin, 1901) und »Die Chirurgie der Niere und des Harnleiters« (Leipzig, 1925), die er mit seinem Sohn Wilhelm publizierte. Die Teilnahme am Ersten Weltkrieg war für den deutschen Patrioten Israel und seine Söhne selbstverständlich. Es galt, dem Vaterland zu dienen. James Israel funktionierte seine Privatklinik und das Jüdische Krankenhaus zeitweise in Lazarette um und entwickelte einen Lazarettzug, in dem man während der Fahrt operieren konnte. Dieser brachte ihm die Bekanntschaft türkischer Kollegen ein, die ihn ans Krankenbett des Sultans Mohammed V.

nach Istanbul riefen, worüber Israel Tagebuch führte. Israel war auch Herausgeber von wissenschaftlichen Zeitschriften und Ehrenmitglied der Deutschen Gesellschaft für Chirurgie und zahlreicher anderer Fachgesellschaften. Rosenstein erinnerte sich: »Israel selbst stand Neuerungen in der urologischen Chirurgie sehr skeptisch gegenüber. Die gesonderte Untersuchung der Harnleiter von Casper wollte er nicht gelten laßen. Es ist mir bis heute nicht klar geworden, ob nicht nur das schlechte persönliche Verhältnis zwischen den beiden Urologen schuld daran war [...] Israel verbot uns Assistenten strikt die Anwendung der ›neuen quälenden Methode (Ureterozystoskopie), die den zarten Organen sehr nachteilig sei‹.«[2] Ungeachtet des »schlechten Verhältnisses« zu Lebzeiten widmete Leopold Casper (1859–1959) seinem Kollegen Israel einen sehr wohlwollenden Nachruf: »James Israel bleibt unvergessen!«[1] Nun, »Wo viel Röntgenlicht, da ist auch viel Röntgenschatten«, soll Wilhelm Röntgen über sich selbst gescherzt haben. Auch James Israel wurde von Freunden und Schülern durchaus kritisch gesehen: »Als Mensch und Lehrer hatte er natürlich auch seine Fehler. Er hatte nicht das geringste Verlangen danach, seine Schüler auszubilden, sondern wirkte lediglich durch sein Beispiel. Darum wusste er und war in seiner Eitelkeit sehr stolz darauf. Israel war eine auffallende Erscheinung. Er trug einen langen, gut gepflegten Bart und zeigt sich nur im schwarzen Überrock mit tadellos gebürstetem Zylinder. Mit einer ans Zeremonielle grenzenden Bedächtigkeit zog er beim Verlassen des Krankenhauses einen Glacéhandschuh nach dem anderen an und ging dann, flankiert von seinen etatmäßigen Assistenten durch den langen Garten bis hinaus auf die Straße. Dort wartete Kutscher Buchholz auf dem Bock der Equipage auf seinen Gebieter. Israel gab niemals einen Händedruck, man hörte nie ein vertrautes Wort, sondern es blieb menschlich immer ein großer Abstand zwischen dem Chef und den Assistenten. Wenn er uns, wie es gelegentlich vorkam, bat, abends seine Gäste zu sein, so galt es als stille Vereinbarung, dass man bei ihm im Frack erschien [...] Was mich am meisten verdross, war die Tatsache, dass Israel alle Operationen, auch die Kleinsten, selbst vornahm [...] Israel war ein eitler, selbstbewusster Mann, aber er war ehrlich.«[2]

James Israel starb am 2. Februar 1926 hoch geehrt in Berlin. Alexander von Lichtenberg (1880–1949) rief ihm nach: »Was Volkmann, König, Bardenheuer für die Extremitätenchirurgie, Billroth, Czerny, Mikulicz für die Bauchchirurgie geleistet, das hat Israel für die Nierenchirurgie vollbracht, er hat die Grundlage gelegt, auf der sich diese zum klinischen Fach erheben konnte. In diesem Moment liegt die wirkliche Bedeutung seines Schaffens ...«.[1] *ADE*

Literatur:

1 Moll, F. H., Halling, Th., Hansson, N., Fangerau, H. »Wenn Sie alle vergessen sein werden, wird der Name Israel noch leuchten«. Urologe 2017;56:369–381.

2 Rosenstein, P. Narben bleiben zurück. Kindler und Schiermeyer Verlag, 1954, S. 78 ff.

3 Winau, R. James Israel. In: Treue, W., Winau, R. (Hrsg.) Berlinische Lebensbilder. Mediziner. Colloquium Verlag, Berlin, 1987, S. 251–263.

4 Ebert, A. D. Jüdische Hochschullehrer an preußischen Universitäten. Mabuse Verlag, Frankfurt/M, 2008.

Samuel Kristeller (1820–1900)

Friedhof der Jüdischen Gemeinde, Feld D

Im Februar 1867 publizierte Samuel Kristeller (1820–1900) in der »Berliner Klinische Wochenschrift« eine vorläufige Mitteilung über ein »Neues Entbindungsverfahren unter Anwendung von äußeren Handgriffen«, welches durch Druck auf den Uterusfundus der Unterstützung der Geburtskräfte dienen sollte.[1] Kristeller wollte damit einen Ersatz für eine mangelnde oder nicht vorhandene Wehentätigkeit schaffen, in einer Zeit, als eine gezielte medikamentöse Unterstützung der Geburt (noch) nicht möglich war. Die Anwendung der Geburtszange oder »innerer Handgriffe« sollte so verhindert werden, um die Schwangeren vor dem gefürchteten »Kindbettfieber« zu schützen.

Auch heute noch wird diese Methode in Kreißsälen von Hebammen und Ärzten angewendet – wenn auch nur selten und in deutlich modifizierter Form, nämlich bei vollständigem Muttermund zumeist zur Unterstützung des Geburtsvorgangs in der Austreibungsperiode. Man spricht dann vom »Kristellern« und hat ein seltenes Beispiel dafür, wie der Name des Erfinders oder Entdeckers einer Methode – ähnlich wie beim Röntgen – direkt in den alltäglichen medizinischen Fachjargon übergeht, um damit die Durchführung des Verfahrens selbst zu beschreiben.

Samuel Kristeller wurde am 26. Mai 1820 in Xions (in der Provinz Posen) geboren, als ältester Sohn von Benjamin und Lisa Kristeller. Den jüdischen Traditionen folgend, wurde Kristeller zunächst durch einen Rabbiner unterrichtet, später besuchte er die Schule in der nahegelegenen Kreisstadt Glogau. Ab 1839 studierte Kristeller in Berlin Medizin. 1843 promovierte er als 23-Jähriger mit dem Thema »De tartaro stibiato nonnulla experimenta«, einer ausführlichen Beschreibung der Wirkung des Brechweinsteins unter Bezugnahme auf die von ihm durchgeführten Tierversuche.[2] 1844 erhielt er seine Approbation als Arzt für Medizin und Chirurgie. Weil für ihn als Juden die volle Approbation jedoch örtlich beschränkt war, konnte er sich zunächst nur in der Provinz Posen als praktischer Arzt niederlassen. Kristeller war in der dortigen jüdischen Gemeinde aktiv und trat unter anderem durch einen Antrag an den Posener Landtag zugunsten der Judenemanzipation hervor, den er im Auftrag des Gemeindevorstandes verfasst hatte.[3]

Im Mai 1850 heiratete Kristeller Sophie Zippert aus Gnesen, der Kreisstadt, in der er als Arzt tätig war. Im August des gleichen Jahres erhielt er sein Fähigkeitszeugnis und approbierte als erster Jude zum königlich-preußischen Kreisphysikus. Im November desselben Jahres wurde Kristeller zunächst Oberarzt in der 2. Abteilung des Hauptlazarettes des 5. Armeekorps, fünf Tage später erfolgte seine Beförderung zum Stabsarzt. – Er war der erste preußische Jude, der diese Stellung bekleiden durfte. Die Mobilmachung der Armee wurde allerdings vier Wochen später wieder aufgehoben und nach seiner nur kurzen, doch erfolgreichen Karriere bei der Armee gingen Kristeller und seine Frau nach Berlin, wo er in der Wallstraße 30 eine Praxis eröffnete.

In das Jahr 1854 fällt offenbar auch der Entschluss Kristellers, sich besonders der Gynäkologie und Geburtshilfe zu widmen: »Zuerst betrieb er die allgemeine medizinische Praxis, bald aber erkannte er in der Gynäkologie dasjenige Forschungsgebiet, auf dem er theoretisch und praktisch Hervorragendes leistete, und wie er als geschickter und liebenswürdiger Arzt sich den Dank der leidenden Frauenwelt in hohen Maße verdiente, so hat er durch seine nach ihm benannten wissenschaftlichen Operationsmethoden seinen Namen einen geehrten Platz in der Geschichte seiner Spezialwissenschaft gesichert.«[5]

Samuel Kristeller wurde im gleichen Jahr in die 1844 von Carl Wilhelm Mayer (1795–1868) gegründete »Berliner Gesellschaft für Geburtshülfe« aufgenommen, die damals nur 45 Mitglieder hatte. Kristeller eröffnete eine private Entbindungsklinik, die er aber bereits nach etwas mehr als einem Jahr wieder schloss, da der Klinikbetrieb nicht profitabel war und ihm wohl auch kaum Zeit für wissenschaftliches Arbeit gelassen hatte. Er war dann in neuen Praxisräumen wieder als praktischer Arzt und Geburtshelfer tätig.[4]

1860 habilitierte sich Samuel Kristeller beim Berliner Ordinarius Eduard Arnold Martin (1809–1875). Er hielt erste Vorlesungen über theoretische und praktische Geburtshilfe. Von 1862 bis 1870 arbeitete er als Geburtshelfer im Jüdischen Krankenhaus in Berlin.

Auch sein sozialpolitisches Engagement ruhte nicht: 1854 gründete Samuel Kristeller die »Berliner ärztliche Unterstützungskasse« – später

zu Ehren des Kaiserpaares in »Wilhelm-Augusta-Stiftung« umbenannt. Das Ziel war, eine funktionierende Altersversorgung für die Ärzte zu organisieren, wobei diese »Kasse« nicht nur die eigenen Mitglieder, sondern alle Ärzte und deren in Not geratene Angehörige unterstützte. Kristeller bekleidete nacheinander verschiedene Ämter im Vorstand der »Kasse« und blieb bis zu seinem Lebensende deren erster Vorsitzender beziehungsweise Ehrenpräsident. Von 1866 bis 1869 war Kristeller Bürgerdeputierter der Stadt Berlin und ehrenamtlich als Armenarzt angestellt. Er kümmerte sich in dieser Funktion um die Waisenpflege und hatte die Oberaufsicht in der staatlichen Irrenanstalt in Dalldorf bei Berlin. Von 1832 bis 1896 hatte Kristeller den Vorsitz des »Deutsch-Israelitischen Gemeindebundes« inne. Gemeinsam mit anderen jüdischen Intellektuellen trat er im sogenannten »Dezemberkomitee von 1880« immer wieder dem beginnenden Antisemitismus im Deutschen Reich entgegen.[4]

Für seine Verdienste als Lazarettarzt bei der Versorgung von Verwundeten des preußisch-österreichischen Krieges auf einer septischen Station wurde er im Februar 1867 zum Sanitätsrat ernannt. Während des Deutsch-Französischen Krieges (1870/1871) leitete Kristeller wiederum ein großes Barackenlazarett auf dem Tempelhofer Feld vor den Toren Berlins. Nach der Kapitulation Frankreichs am 24. Januar 1871 würdigte Kaiser Wilhelm I. die Verdienste Samuel Kristellers mit mehreren Auszeichnungen. 1873 folgte die Ernennung zum Geheimen Sanitätsrat.[4]

Nachdem der Ordinarius Eduard Martin im Dezember 1875 an den Folgen einer Typhuserkrankung gestorben war, wurde Samuel Kristeller als ältestem Privatdozenten interimistisch die Leitung der gynäkologischen Abteilung der Charité übertragen, bis Carl Schröder (1838–1887) im April 1876 seiner Berufung auf den Berliner Lehrstuhl für Geburtshilfe und Gynäkologie nachgekommen war. Kristeller blieb bis zu seinem Ausscheiden einige Jahre später als Privatdozent an der Charité tätig.

Im Mai 1890 – zu seinem 70. Geburtstag – gab Kristeller seine ärztliche Praxistätigkeit auf und widmete sich der Tätigkeit im Gemeindebund. Im Februar 1900 wurde er von der »Gesellschaft für Geburtshülfe und Gynäkologie in Berlin« zum Ehrenmitglied ernannt.

Nach kurzer Krankheit starb er am 15. Juli 1900 in Berlin. Er wurde auf dem jüdischen Friedhof in der Schönhauser Allee (Berlin-Prenzlauer Berg) beerdigt; der Grabstein ist dort heute noch zu besichtigen. *MD*

Literatur:

1 Kristeller, S. Ein neues Entbindungsverfahren unter Anwendung von äußeren Handgriffen (Vorläufige Mittheilung). Berliner Klinische Wochenschrift 11.2.1867.

2 Kristeller, S. De tartaro stibiato nonnulla experimenta. Inauguraldissertation. Berlin, 1843.

3 Jöckel, W. Samuel Kristeller (1820 - 1900) - Sein Leben und seine Beiträge zur operativen Geburtshilfe. Inauguraldissertation. Mainz, 1990.

4 Völker, B. Dr. Samuel Kristeller - Leben und Wirken eines jüdischen Arztes in Berlin. Inauguraldissertation. Berlin, 1987.

5 Neumann, S. Dr. Samuel Kristeller. Zum Gedächtnis. Allg. Zeitung Judenth. 31. Aug. 1900;30:414 – 416.

Robert Remak (1815–1865)

Friedhof der Jüdischen Gemeinde, Feld I, GA

Der Name Robert Remaks ist trotz seiner Bedeutung für die Medizin heute so gut wie vergessen. Er war der erste jüdische Arzt, dem nach der »Lex Gans« (1822) die Habilitation an der Berliner Universität gestattet und der einer ihrer bedeutendsten Forscher wurde.[1] Robert Remak wurde am 30. Juli 1815 in Posen in der Familie des Kaufmannes Salomon Meyer Remak und seiner Frau Friederike geboren. Nach dem Abitur studierte er 1833–1838 an der Berliner Friedrich-Wilhelms-Universität Medizin, wobei ihn Johannes Müller (1801–1858) offensichtlich so stark beeinflusste und förderte, dass er bereits vor dem Staatsexamen Arbeiten über das Nervensystem publizieren und 1838 promovieren konnte. Auch nach der Approbation 1839 arbeitete er weiter intensiv in Müllers Labor, sodass die Frage einer Hochschullaufbahn, also der Habilitation, anstand. Sein entsprechender Antrag wurde 1843 abgelehnt. Remak war Jude.[2] Er war zwar seit 1843 Mitglied der Akademie der Naturforscher Leopoldina, doch hatte er trotz der Interventionen Alexander von Humboldts (1769–1859) beim preußischen König Friedrich Wilhelm IV. (1795–1861) eine lange Verschleppung seines Habilitationsantrages durch das preußische Kultusministerium unter Johann Albrecht Friedrich Eichhorns (1779–1856) durchzustehen, ehe ihn folgender Brief erreichte: »An den practischen Arzt und Operateur Herrn Dr. Remak, Wohlgeboren. Des Königs Majestät haben infolge Ew. p.p. Immediats-Eingabe vom 24. Februar d.J. durch die Kabinets-Ordre vom 8. März ej. a. im Wege besonderer Dispensation mich zu ermächtigen geruht, Sie zu einem akademischen Lehramte bei einer inländischen Universität, zu welchem Sie sich, abgesehen von den konfessionellen Bedingungen, qualifiziert haben, zuzulassen. In Gemäßheit dieser Allerhöchsten Ermächtigung eröffne ich Ihnen, daß Ihrer Habilitation als Privatdozent bei der hiesigen medizinischen Fakultät ein Hindernis nicht entgegensteht. Berlin, den 23. Mai 1847. Der Minister. Unterschrift: Eichhorn«.[3]

Von 1843 bis 1849 arbeitete Remak klinisch und wissenschaftlich bei Johann Lukas Schönlein (1793–1864), doch 1849 eröffnete er eine eigene

Praxis. In diesem Jahr bekamen Remak und seine Frau Feodora (1828–1863) ihren Sohn Ernst Julius. Trotz der neuen familiären Situation lehnte er 1850 eine Berufung auf den Lehrstuhl für pathologische Anatomie an der Universität Krakau ab. Wie bekannt Remak war, zeigt die Tatsache, dass er 1856 secundo loco hinter Rudolf Virchow auf der Berufungsliste für das Berliner Ordinariat für pathologische Anatomie stand. Ab 1856 wandte sich Remak immer mehr klinischen Studien zu. Julius Leopold Pagel (1851–1912) beschrieb ihn so: »Remak war ein selten begabter, fleißiger, strebsamer, von Ehrgeiz nicht freier Arzt. Seine Bedeutung für die Medicin ist eine dreifache. Einmal und in erster Linie sind seine [...] unsterblichen Arbeiten auf dem Gebiet der microscopischen Anatomie des Nervensystems zu nennen, denen auch die Entdeckung des sogen. ›Axencylinders‹ und der seinen Namen führende Nervenfasern zu danken ist. Dann ist R. durch seine ausgezeichneten ›Untersuchungen über die Entwicklung der Wirbelthiere‹ (Berlin 1850–55) und verschiedene andere [...] Arbeiten der Schöpfer einer angemessenen Reform der Embryologie geworden [...]. Indem er fand, dass das Ei der Thiere stets eine einfache Zelle sei, daß die drei Keimblätter, welche sich aus dem Ei entwickeln und nur aus Zellen zusammengesetzt sind, sich flächenartig ausbreiten und aus ihnen die Hauptsysteme des Körpers und alle die verschiedenen Gewebe durch ›Differenzirung‹ sich bilden, und indem er schließlich den Anteil näher feststellte, welchen die verschiedenen Keimblätter an der Bildung der verschiedenen Gewebe und Organsysteme besitzen, vereinfachte und klärte er dieses Gebiet ganz außerordentlich [...] Endlich hat sich R. auch noch um die praktische Medicin dadurch verdient gemacht, daß er die Anwendung des constanten Stromes in die Behandlung der Nervenkrankheiten einführte, speciell die centrale Application auf Gehirn und Rückenmark, trotz mannigfacher, anfangs dagegen erhobener Einwände und Widersprüche später doch volles Bürgerrecht erlangte und fortab als wirkliche Bereicherung der Heilkunde angesehen wird.«[4]

Die Definition des Ursprungs der Nervenfasern aus Ganglien, die Beschreibung des Axons, die Unterscheidung der drei Keimblätter, Erkenntnisse zur Zellteilung, die Beschreibung eines autonomen Nervensystems des Darmes, Galvanotherapie bei neurologischen Erkrankungen – jede einzelne Entdeckung Remaks hätte genügt, seinen Namen für immer in den Annalen der Medizin zu verewigen.[5] Aber im König-

reich Preußen war *das* nicht ausreichend für einen Juden – nicht für eine ordentliche Professur, ja nicht einmal für ein ordentliches Gehalt; dies hinterließ Spuren, wie Pagel andeutete: »Hinsichtlich der äußeren und Charaktereigenschaften Remaks ist [...] nachzutragen, daß er ein schlanker Mann mit hervorstechenden Gesichtszügen, lebhaften Augen und dunklem Haar war, in seinen jungen Jahren eine überaus frische, lebendige Natur besaß, von freundlichsten Entgegenkommen und immer bereit zu Gefälligkeiten und kleinen Aufmerksamkeiten [...]. Später brachten es persönliche Ungunst der Verhältnisse, namentlich der Umstand, daß er durch zu langes Verharren in der bescheidenen Stellung als Privatdocent seine Thatkraft nach vielen Richtungen gelähmt sah, mit sich, daß sich Remaks ein gewisser Unmuth, eine Gereiztheit bemächtigte, die in wissenschaftlichen Fehden, wie im gesellschaftlichen Verkehr oft sogar verletzten. Zu seinen besondersten Eigenschaften gehörte eine lebhafte Phantasie, eine Neigung, an einmal erfasste Dinge mit großem Enthusiasmus heranzutreten und sie weiter zu verfolgen. Nicht bloßer Ehrgeiz, auch der Wunsch die Wissenschaft zu fördern und Anderen nützlich zu werden, leitete ihn bei seinen Arbeiten.«[4]

Auch Remaks Sohn, Ernst Julius Remak (1849–1911), studierte Medizin, habilitierte sich 1877 und wurde ein bekannter Berliner Neurologe. Erst 1903 wurde er – wie sein Vater sehr spät – zum außerordentlichen Professor ernannt, wobei Wilhelm von Waldeyer am 24. November 1902 in seinem Antrag an das Kultusministerium schrieb: »Endlich glaubt die Fakultät daran erinnern zu dürfen, dass E. Remaks Vater, Prof. extraord. Dr. Robert Remak, der berühmte Histologe, Embryologe und Begründer der Anwendung des konstanten Stromes in der Elektrotherapie, eine der grössten Zierden unserer Universität war und es in der Geschichte derselben dauernd bleiben wird. Wenn wir den durchaus würdigen und verdienten Sohn Robert Remaks nach langjähriger Treue und tüchtiger Arbeit im Dienste der Wissenschaft unter die Zahl unserer Extraordinarien aufzunehmen beantragen, so sind wir sicher, dabei in weiten Kreisen unserer Universität und Stadt, nicht nur, sondern selbst über Deutschland hinaus, voller Sympathie zu begegnen.«[1]

Wie sich die Zeiten geändert hatten! Robert Remak war am 29. August 1865 fast verarmt gestorben. Dem Sohn dankte die Fakultät spät auch die Verdienste des Vaters.[5] Robert und Ernst Remak sind auf dem jüdischen Friedhof an der Schönhauser Allee in Berlin begraben. *ADE*

Literatur:

1 Schmiedebach, H.-P. Emanzipation und Wissenschaft. Leben und Werk des ersten jüdischen Dozenten an der Berliner medizinischen Universität. Robert Remak (1815–1865). Habilitationsschrift FUB 1990.

2 Richarz, M. Der Eintritt der Juden in die akademischen Berufe. J.C.B. Mohr (Paul Siebeck), Tübingen, 1974.

3 Brief des Kultusministers v. Eichhorn vom 23. 05.1847 an Robert Remak, zitiert nach Kalisch, M. Die Judenfrage … . Leipzig, 1860, S. 26–27.

4 Pagel, J. L. Remak, Robert. In: Allgemeine Deutsche Biographie. 1889; Onlinefassung; URL: http://www.deutsche-biographie.de/.html, letzter Zugriff: 02.10.2019.

5 Holdorff, B. Die nervenärztlichen Polikliniken in Berlin vor und nach 1900. In: Holdorff, B., Winau, R. (Hrsg.): Geschichte der Neurologie in Berlin. Berlin/New York, 2001, S. 127–139.

Hermann Senator (1834–1911)

Friedhof der Jüdischen Gemeinde, Feld L1, GA

Hermann Senator wurde am 6. Dezember 1834 in Gnesen (Provinz Posen) geboren. Durch den Verlust eines Elternteils wurde er schon in jungen Jahren zur Halbweise. In seinem Geburtsort absolvierte er das Gymnasium und studierte von 1853 bis 1857 Medizin an der Berliner Friedrich-Wilhelms-Universität. Zu seinen akademischen Lehrern gehörten Johannes Müller (1801–1858), Johann Lucas Schönlein (1793–1864), Bernhard von Langenbeck (1810–1887) und Ludwig Traube (1818–1876). Wesentlich für Senators klinische und wissenschaftliche Entwicklung waren außerdem Robert Remak (1815–1865), Moritz Heinrich Romberg (1795–1873), Johann Ludwig Casper (1796–1864) und Rudolf Virchow (1821–1902). Senator begeisterte sich anfänglich besonders für die physiologischen Grundlagen der Medizin und wurde für drei Semester Famulus von Johannes Müller. Später galt sein Interesse der Gerichtsmedizin. Einen Teil seiner Ausbildung absolvierte Senator im Jüdischen Krankenhaus, wo er besonders mit Ludwig Traube und James Israel (1848–1926) in Kontakt kam. Senators Promotion mit der Schrift »De morborum hepatis causis et evolutione« erfolgte am 23. März 1857. Im gleichen Jahr absolvierte er die Staatsprüfung als Arzt, Wundarzt und Geburtshelfer. Nach der am 1. März 1858 erteilten Approbation arbeitete Senator als praktischer Arzt in Berlin, wo seine Praxis in der Gegend um den Hackeschen Markt gewesen sein soll. 1862 absolvierte Senator die Physikatsprüfung, sodass er nun beamteter Arzt war. Auch nach Ende des Studiums und während er schon als praktischer Arzt arbeitete, besuchte Senator regelmäßig J. L. Caspers Vorlesungen über gerichtliche Medizin für Juristen und Mediziner sowie das »Gerichtlich-medizinische Praktikum im Königlichen Institut für Staatsarzneikunde mit den forensischen Untersuchungen von Lebenden und den legalen Leichenöffnungen mit allen im Bereich des hiesigen gerichtlichen Staatsphysikats vorkommenden Explorationen«. Mitte der 1860er Jahre begann er im chemischen Labor des Pathologischen Instituts mit Versuchen zur Fiebertheorie. Auf der Grundlage dieser Studien und einiger gerichtsmedizinischer Arbeiten habilitierte sich Senator, damals noch ohne eigentliche Habilitationsschrift, am 08. August 1868 für das Fachgebiet »Innere Medizin und Staatsarzneikunde« an der Berliner Universität.[1]

Den Deutsch-Französischen Krieg erlebte der junge Privatdozent (als Stabsarzt mit dem Eisernen Kreuz ausgezeichnet) in den Lazaretten bei Metz und später bei Orleans.

Am 1. April 1875 wurde Hermann Senator auf Vorschlag von Kaiserin Augusta, der Frau Kaiser Wilhelms I., zum Chefarzt der Inneren Abteilung des 1869 gegründeten Augusta-Hospitals ernannt, das sich damals im Invalidenpark in der Scharnhorststraße befand und über 107 Betten verfügte. Die Vorgänger Senators waren Oskar Fraentzel (1838–1894) und Bernhard Fränkel (1836–1911).

Die Ernennung zum außerordentlichen Professor erfolgte am 14. September 1875. Der Internist Friedrich von Müller schrieb später in seinen Lebenserinnerungen, dass Senator nach seiner Ernennung zum Chefarzt des Augusta-Hospitals dem Direktor der II. Medizinischen Klinik, Carl Gerhardt (1833–1902), großzügig anbot, dass dessen Assistent (von Müller) den Perkussionskurs Senators übernehmen könne. Die Folge war, dass von Müller bald über alle finanziellen Schwierigkeiten erhaben war und seine Einkünfte als Assistent 9000 Mark im Jahr überstiegen.[2]

Ab 1881 übernahm Senator zusätzlich die Abteilung »für innerlich kranke Frauen« der Charité, der bis dahin Louis Waldenburg (1837–1881) vorstand. Ab 1882 führte Senator auch die Amtsbezeichnung eines Dirigierenden Arztes der Charité.

Nach dem Tode Friedrich Theodor von Frerichs (1819–1885) wurde zunächst Senator kommissarisch mit der Leitung der I. Medizinischen Klinik betraut. Nachfolger Frerichs wurde der Direktor der II. Medizinischen Klinik, Ernst von Leyden (1832–1910). Am 1. April 1888 wurde Hermann Senator zum Direktor der Medizinischen Poliklinik berufen, woraufhin er die Chefarztstelle im Augusta-Hospital niederlegte. Im Personalverzeichnis der Berliner Friedrich-Wilhelms-Universität für das Wintersemester 1893/94 wird die Senatorsche Poliklinik erstmals als III. Medizinische Klinik in der Charité aufgeführt, aber schon ab 1889 publizierte er unter dieser Adresse. Damals befand sich die Einrichtung in der Dorotheenstrasse 5, bevor man 1897 in die Luisenstrasse 18 und 1905 in die Monbijoustrasse 5 umzog, wo ein zeitgemäßes Institut ent-

stand, das neben den Ambulanz- und diversen Sanitärräumen auch über 30 stationäre Betten, Laborräume, einen Tierstall und einen Hörsaal mit 300 Sitzplätzen sowie über eine »nicht unansehnliche Blibliothek« und ein Lesezimmer verfügte.

1899 erfolgte Senators Ernennung zum ordentlichen Honorarprofessor für innere Medizin, Gynäkologie und Staatsmedizin. Eine Berufung zum Ordinarius erhielt Senator nicht.[3] Senators wissenschaftliches Werk war sehr breit gefächert. Zu seinen wichtigsten Werken zählen unter anderem »Untersuchungen über den fieberhaften Process und seine Behandlung« (Berlin 1873), »Die Albuminurie im gesunden und kranken Zustande« (Berlin 1882), »Die Krankheiten des Bewegungsapparates. Diabetes mellitus und insipidus« (in: Hugo Wilhelm von Ziemssen (1829–1902): Handbuch der speciellen Pathologie und Therapie, 1879), »Die Erkrankungen der Nieren« (in: Carl Wilhelm Hermann Nothnagel (1841–1905): Handbuch der speciellen Pathologie und Therapie: Vienna, 1896 und 1902), »Ueber Pseudoleukämie« (in: Ernst von Leyden (1832–1910) & Felix Klemperer (1866–1932): Die Deutsche Klinik am Eingange des zwanzigsten Jahrhunderts in akademischen Vorlesungen, Band 3, Berlin und Wien 1903), »Krankheiten und Ehe« (mit S. Kaminer (1872–1930), München 1904), »Diseases of kidney and the spleen hemorrhagic diseases« (Philadelphia 1905) sowie »Polycythämie und Plethora« (Berlin 1911).[1]

Senator war Mitglied zahlreicher wissenschaftlicher Gesellschaften, zum Beispiel auch der Akademie der Naturforscher Leopoldina, und er erhielt hohe preußische Auszeichnungen, so den Roten Adler-Orden IV. Klasse (1886), III. Klasse mit Schleife (1902) und II. Klasse mit Eichenlaub (1910) sowie den Kronen-Orden II. Klasse (1907). Vor dem Hintergrund der nationalsozialistischen Verdrängung von Namen und Verdiensten jüdischer Gelehrter bleibt festzuhalten, dass man im angloamerikanischen Schrifttum noch heute den Begriff »Senator's angina« findet, der eine akute pharyngolaryngeale Infektion beschreibt und von Senator erstmals 1888 publiziert wurde.[1]

Hermann Senator, den Friedrich Kraus (1858–1936) sinngemäß als aller Internisten Lehrer bezeichnete, starb am 14. Juli 1911 mit 76 Jahren im Sanatorium »Schloss Tegel« und wurde auf dem Jüdischen Friedhof in der Schönhauser Allee beigesetzt.

ADE

Literatur:

1 Andree, H., Seewald, G., Berndt, H. Hermann Senator (1834–1911) – ein Berliner Internist. Charité-Annalen NF 1989;9:312–322.

2 Müller, F. v. Lebenserinnerungen. J.F.Lehmanns Verlag, München, 1951, S. 71–72.

3 Ebert, A. D. Jüdische Hochschullehrer an preußischen Universitäten (1870–1924). Eine quantitative Untersuchung mit biografischen Skizzen. Mabuse-Verlag, Frankfurt/M, 2008, 84–85.

Ludwig Traube (1818–1876)

Friedhof der Jüdischen Gemeinde, Feld H, GA

Ludwig Traube (1818–1876) gilt heute als der Begründer der experimentellen Pathologie in Deutschland.[1] Er wurde am 12. Januar 1818 in Ratibor geboren und studierte in Breslau, Berlin und Wien. In Berlin wurde er Assistent von Lukas Schönlein (1793–1864), dessen Werk er kritisch sah und den er als seinen Lehrer doch hoch verehrte. Beeinflusst wurde Traube besonders durch die Ideen von François Magendie (1783–1855), Carl Freiherr von Rokitansky (1804–1878), Josef von Škoda (1805–1881) und René Laënnec (1781–1826). Er wurde zu einem Anhänger, Verfechter und Entwickler der physikalischen Untersuchungsmethoden in der Medizin, was damals eine drastische Abkehr von der naturphilosophischen, romantischen Medizin bedeutete.

Traube habilitierte sich am 24. Oktober 1848 in Berlin und wurde dann Zivillehrer an der militärärztlich dominierten Charité. 1853 wurde er zum Direktor der II. Medizinischen Klinik (der sogenannten »Deutschen Klinik«), 1857 zum außerordentlichen Professor für Allgemeine Pathologie und Therapie (worunter man heute Innere Medizin versteht) und schließlich 1872 zum Ordinarius berufen.[1] Mindestens seit 1843 hielt Traube Auskultations- und Perkussionskurse für junge Ärzte ab. 1844 untersagte die Armen-Direktion die Verwendung von Leichen für diese Kurse, was Traube zur Entwicklung und Durchführung experimenteller Studien bewegte. Seine Untersuchungen führten letztendlich zur Begründung der pathologischen Physiologie. Ludwig Traube war im Nebenamt Chefarzt der inneren Abteilung des Krankenhauses der Berliner jüdischen Gemeinde. Interessant sind die Erinnerungen von Bernhard Naunyn über jene Zeit im Allgemeinen und an Traube im Speziellen: »... Traubes Klinik lag in dem gleichen Stockwerk [...]. Sie war sehr beliebt. Allgemein erkannte man die Gründlichkeit und Zuverlässigkeit seiner Untersuchungen an. Traube war auf seiner Klinik daheim und eifrig tätig. Seinen Vorlesungen fehlte aber die Persönlichkeit, das stolze Selbstbewusstsein, das Organ und die Formvollendung von Frerichs. Er machte, wenn ich im Gegensatze zu dem vorher über Frerichs Gesagten das Wort gebrauchen darf, die Klinik zur Magd des Physiologen, und verlor sich oft in Kleinigkeiten, selbst Spitzfindigkeiten, um in der Symptomatologie den Anschluss an die Physiologie zu erreichen. Auch fehlte ihm die Chemie und in Sachen der pathologischen Anatomie hing er sich vielleicht zu ausschliesslich an Virchow. Er galt für ›ehrlicher‹ und war jedenfalls in der Untersuchung genauer und mehr für den Kranken interessiert wie Frerichs; deshalb trauten viele ihm als Arzt mehr ...«.[2]

Neben allgemeinen politischen und wissenschaftspolitischen Faktoren spielten auch immer sehr persönliche, menschliche Aspekte in das Wirken und in die Entwicklung eines Hochschullehrers hinein. Sympathie und Antipathie, gleiche Anschauungen, Ehrgeiz, Neid, vermeintliche Kränkungen oder Zurücksetzungen, Beschneidung des eigenen Einflusses durch andere et cetera – die Religionszugehörigkeit dürfte dabei ebenfalls wichtig gewesen sein.[3] Treffend beschrieb Naunyn die Situation zwischen den beiden Chefärzten der Inneren Medizin an der Berliner Universität: »So ergänzten sich Frerichs und Traube tatsächlich sehr gut, und sie hätten höchst erspriesslich und zur allgemeinen Zufriedenheit nebeneinander wirken können; leider aber waren wohl die Charaktere nicht danach. Auch kamen mancherlei persönliche und äussere Einflüsse dazu, so dass das Verhältnis der beiden schon von 1860 ab ein höchst trauriges war. Ich habe mich geschämt wenn, wie es gelegentlich geschah, wir uns einander auf dem Korridor begegneten, einerseits Frerichs und anderseits Traube, jeder mit seinen Assistenten. Ohne voneinander Notiz zu nehmen, drängten wir uns aneinander vorbei – höchstens ein verstohlener Gruss der Assistenten hinter dem Rücken der Chefs!«[2] Und, so Naunyn weiter: »Man sagte, Traube sei darüber gekränkt, dass seine propädeutische Klinik noch nicht die vollen Rechte einer Klinik hatte; die auf ihr durchgemachte Praktikantenzeit galt damals noch nicht für das Staatsexamen. Und Frerichs grollte Traube wohl, weil er dessen Ansprüche nicht für rechtlich begründet hielt. Frerichs war als einziger medizinischer Kliniker nach Berlin berufen und wollte es nicht gelten lassen, dass sich Traube neben ihm zum Gleichberechtigten heraufdiente. Ob es Frerichs Ernst damit war, wenn er darüber klagte, dass ihm das Krankenmaterial für die Vorlesung nicht genüge, mag ich nicht entscheiden. Jedenfalls sagte er von Zeit zu Zeit einmal die Vorlesung ostentativ wegen Mangel an ›Fällen‹ ab. Für diesen Mangel an Krankenmaterial machte er Traube

und dessen Klinik verantwortlich, und richtig war es, dass Traube viele schöne Fälle hatte …«.[2]

Doch die Situation an der Fakultät war noch komplizierter: »… Wie schon gesagt, war leider das persönliche Verhältnis unserer Lehrer kein gutes. Virchow und Frerichs waren infolge wissenschaftlicher Kontroversen verfeindet. Dazu kam, dass Virchow und DuBois Traube unterstützten. Reichert war andrerseits mit Frerichs befreundet und sein überzeugter warmer Verehrer. So waren hier zwei Parteien, zu denen fast jeder Stellung nahm. Graefe stand ganz zu Virchow, Langenbeck auch, doch mit der bei ihm selbstverständlichen Reserve. Romberg war neutral – so blieb Jüngken für die andere Seite, kaum zu deren Ruhm! [...] Unter dem Zwist der Herrscher müssen die Achäer leiden! Schon unter den Studenten fehlte es nicht an einer gewissen Spaltung. Wer sich etwas zutraute, nahm seine Stellung hüben oder drüben – wer für Traube oder Langenbeck schwärmte, war kritisch gegen Frerichs und umgekehrt, der Reichertianer übte seine Kritik an Virchow und DuBois usw. [...] Anders stand es bei dem jungen Berlin der Zukunft; hier standen die Schüler Virchows, Langenbecks, DuBois', Traubes im Vordergrund. In dem ›Raisonneur‹, der weitbekannten Vereinigung all dieser jungen Männer, spielten Recklinghausen, Kühne, Klebs, L. Herrmann, Cohnheim und Lück die Hauptrolle. Wir Assistenten von Frerichs hielten uns fern, in der [...] sehr richtigen Empfindung, dass wir das Vertrauen unseres Chefs verlieren würden, wenn wir uns jener Vereinigung anschlössen ...«.[2]

Traube publizierte zahlreiche Bücher, in welchen sich die Breite seiner klinischen und wissenschaftlichen Erfahrungen sowie Interessen spiegelte. Seine wichtigsten Werke waren »Über den Zusammenhang von Herz- und Nieren-Krankheiten« (Hirschwald, 1856), »Über die periodischen Thätigkeits-Aeusserungen des vasomotorischen und Hemmungs-Nervencentrum« (Hirschwald, 1865), »Die Symptome der Krankheiten des Respirations- und Circulations-Apparats. Vorlesungen« (Hirschwald, 1867) sowie »Gesammelte Beiträge zur Pathologie und Physiologie« (1871, 1878).[1]

Der Sohn Traubes, Ludwig Traube (1861–1907), habilitierte sich 1888 an der Münchener Universität für klassische und mittelalterliche Philologie und wurde 1904 Ordinarius. Ludwig Traube (senior) war der ältere Bruder von Moritz Traube (1826–1894), einem bekannten Chemiker seiner Zeit. Dessen Sohn war Wilhelm Traube (1866–1942), ein Schüler A. W. v. Hofmanns und E. Fischers, der sich 1896 habilitierte, 1911 zum außerordentlichen Professor und 1929 zum Professor für Chemie berufen wurde. Er arbeitete als Abteilungsleiter in dem berühmten Chemischen Institut der Berliner Universität in der Hessischen Straße.[3] *ADE*

Literatur:

1 Berndt, H. Zu Gedenken an Ludwig Traube (1818–1876). Charité-Annalen NF 1993;13:211–215.

2 Naunyn, B. Die Berliner Schule vor 50 Jahren. Klin. Vorträge, N.F. (Innere Medizin), No. 143, S. 219.

3 Ebert, A. D. Jüdische Hochschullehrer an preußischen Universitäten (1870–1924). Mabuse-Verlag, Frankfurt/M, 2008, 76–79.

FRIEDHOF DER JÜDISCHEN GEMEINDE

Adolf Baginsky (1843–1918)

Friedhof der Jüdischen Gemeinde, Feld WT 1, EB 1116, 52931

»Es gibt Menschen, an deren Wiege steht eine freundliche Fee und glättet mit zarter Hand den Lebensweg, den der Neugeborene zu durchwandeln hat, so daß sein Fuß sich nur selten stößt auf dem steinigen Pfade. Baginsky ward das Glück nicht zuteil, die Höhe des Erfolges mühelos und ohne Anstoß zu erklimmen. Was er ward, ward er durch sich, ward er oft genug trotz seiner!«[1]

Adolf Aaron Baginsky wurde am 22. Mai 1843 in Ratibor in Schlesien geboren. Er wuchs in bescheidenen Verhältnissen auf. Dennoch konnte er ab 1861 an der Berliner Universität Medizin studieren. Er ging für zwei Jahre nach Wien, kehrte zurück nach Berlin und promovierte dort 1866 mit 23 Jahren. 1867 legte er das Staatsexamen ab und war zunächst aus finanziellen Gründen gezwungen, sich als praktischer Arzt niederzulassen. Er begann seine ärztliche Tätigkeit in Seehausen bei Magdeburg und ging anschließend nach Nordhausen, wo er während des Deutsch-Französischen Krieges ein Reservelazarett leitete. 1872 zog er erneut nach Berlin und eröffnete eine eigene Poliklinik für kranke Kinder.[2] Zur selben Zeit wandte er sich Fragen der Schulgesundheitspflege zu und schrieb sein »Handbuch zur Schulhygiene«, dessen erste Auflage 1876 erschien. Hier verlangte er erstmals die Einrichtung einer heilpädagogischen Kur- und Bildungseinrichtung am Stadtrand, um Berliner Kindern eine Erholungsmöglichkeit vom Großstadtleben zu ermöglichen, und bezeichnete dies als Waldschule. Auch für die Einführung von Schulärzten, die Schaffung sogenannter See-Hospize im »Kampf gegen die Tuberkulose« sowie die »lückenlose Beibehaltung und Durchführung des Reichsimpfgesetzes«[3] setzte er sich ein. In zahlreichen Schriften und Vorträgen sprach er sich immer wieder für die Organisation einer systematischen Jugendfürsorge und für Maßnahmen zur Bekämpfung der Säuglingssterblichkeit in Deutschland aus. »Mit einer Arbeitskraft und einer Arbeitsfreudigkeit ausgerüstet, wie sie nur wenigen Menschen beschieden, teilte Baginsky seine Zeit zwischen Laboratorium, Poliklinik und Privatpraxis, während er in angestrengter Nachtarbeit unermüdlich literarischen Interessen frönte. Die Früchte dieser Studien sind in zahlreichen Einzelarbeiten niedergelegt.«[3]

Viele dieser Arbeiten erschienen im »Archiv für Kinderheilkunde«, das aus der nur zwei Jahre (1877/1878) lang erschienenen »Centralzeitung für Kinderheilkunde« hervorgegangen war. 66 Bände des »Archivs«, das Baginsky gemeinsam mit Alois Monti (1839–1909) und Marcus Herz gegründet hatte, wurden von Baginsky selbst redigiert und herausgebracht. Seit 1972 wird es bis heute als »Zeitschrift für Klinische Pädiatrie« sowie seit einigen Jahren mit dem Untertitel »Clinical Research and Practice in Pediatrics« fortgeführt.

1882 konnte sich Baginsky an der Berliner Friedrich-Wilhelms-Universität als Privatdozent für Kinderheilkunde habilitieren und hielt im Dezember des gleichen Jahres seine Antrittsvorlesung »Über das Verhältnis der Kinderheilkunde zur gesamten Medizin«.[1] Damit begann Baginskys umfangreiche Lehrtätigkeit. Mit der ersten Auflage seines »Lehrbuches Kinderkrankheiten *für Aerzte und Studirende*« (1882) verhalf Baginsky dem noch jungen Fach zu mehr Eigenständigkeit und Profil. Er hatte im Übrigen erkannt, dass es auf dem Gebiet der Kinderheilkunde eine Fülle von sozialen Problemen zu lösen gab und »betrieb schon eine ›soziale Medizin‹, als dieser Zweig von nur wenigen Ärzten gepflegt wurde. Auch in diesen Bestrebungen trat er in die Fußstapfen des von ihm so hochverehrten Virchow.«[3]

Wenig bekannt ist, dass Sigmund Freud (1856–1939) während seines dritten Berlinbesuchs im März/April 1886 in der Kinderklinik bei Adolf Baginsky hospitierte, der seinerzeit als einer der bedeutendsten deutschen Kinderärzte galt und sich auch mit nervösen Störungen bei Kindern beschäftigte.[4]

Beharrlich setzte sich Baginsky gegenüber dem Berliner Magistrat dafür ein, dass dieser ein Kinderkrankenhaus bauen möge und hatte auch Rudolf Virchow (1821–1902) für diesen Plan interessieren können. Nach Überwindung etlicher Schwierigkeiten konnte dank Baginskys Einsatzes 1890 ein großes, nach modernen Grundsätzen konzipiertes Kinderkrankenhaus in Berlin-Wedding gebaut werden. Die finanziellen Dotationen der Kaiserin Victoria (1840–1901) und der unterstützende politische Einfluss Rudolf Virchows dürften eine entscheidende Rolle

bei der Umsetzung dieses Vorhabens gespielt haben. Das Kaiser- und Kaiserin-Friedrich-Kinderkrankenhaus, das von 1945 bis 1963 Städtisches Kinderkrankenhaus Wedding und 1963 bis 1995 Teil des Rudolf-Virchow-Kinderkrankenhauses war, beherbergt heute ein Geriatriezentrum.

Baginsky war bis kurz vor seinem Tod Direktor des Kinderkrankenhauses und dirigierender Arzt der Inneren und der Infektions-Abteilungen.[2] 1892 wurde er zum außerordentlichen Professor ernannt. Baginsky gehörte zu den Gründungsmitgliedern der 1883 gegründeten Deutschen Gesellschaft für Kinderheilkunde, 1912 wurde er zu einem ihrer Ehrenmitglieder.

Der Pädiater und Sozialhygieniker Arthur Schlossmann (1867–1932) bezeichnete in seinem Nachruf Adolf Baginsky als den geborenen Kinderarzt: »Die Kinder liebten und trauten ihm. Er, der im Leben oft rücksichtslos und im Verkehr wenig angenehm sein konnte, war zart und freundlich, geduldig und liebevoll, sobald er mit einem Kinde zu tun hatte. Am Kinderkrankenbett war Baginsky ein anderer Mensch, als sonst im Leben ...«.[1] Offenbar hatte Baginsky mehrfach den Eindruck, dass durch Zeitgenossen Ideen und Konzepte in die Tat umgesetzt wurden, als deren eigentlicher Urheber er sich ansah. Dies führte dazu, so Schlossmann (1918), dass er sich »mit harten Worten Gegner und Feinde« schuf, weswegen er letztlich ziemlich vereinsamte.[1]

»Adolf Baginsky darf den Ruhm für sich in Anspruch nehmen, den großen Förderern und Führern zugezählt zu werden, die in den letzten dreißig Jahren der Kinderheilkunde die Pfade gewiesen und ihr die geachtete Stellung als Sonderdisziplin in der wissenschaftlichen Welt erringen halfen. Sein Lebenswerk verdient umso größere Anerkennung, als er seinen Weg nicht auf bequem ausgeschliffener akademischer Bahn, sondern als ein auf sich selbst gestellter praktischer Arzt, auf dem dornenvollen Weg des Autodidakten nur nach Ueberwindung mannigfacher Schwierigkeiten zurücklegen konnte.«[1]

Adolf Baginsky starb kurz vor seinem 75. Geburtstag am 15. Mai 1918, er wurde auf dem Jüdischen Friedhof in Weißensee begraben; auf seinem Grabstein steht in leichter Abwandlung eines Psalms: »Auf den Mund von Kindern hast Du deine Macht gegründet.« *MD*

Literatur:

1 Schlossmann, A. Nachruf auf Adolf Baginsky. In: Archiv für Kinderheilkunde 1919;67:1–6.

2 Pagel, J. L. Biographisches Lexikon hervorragender Ärzte des neunzehnten Jahrhunderts. Mit einer historischen Einleitung. Urban & Schwarzenberg, Berlin/Wien, 1901, S. 77/78.

3 Cassel, NN. Adolf Baginsky zu seinem 70. Geburtstage. Dtsch med Wochenschr 1913;39:1007.

4 Tögel, Ch. Freud in Berlin. Aufbau Taschenbuch Verlag, Berlin, 2006

Albert Fraenkel (1848–1916)

Friedhof der Jüdischen Gemeinde, Feld Q1

Albert Fraenkel nimmt noch heute einen bedeutenden Platz in der Geschichte der Medizin, speziell der inneren Medizin, ein. Ihm gelang die Entdeckung des »Diplococcuss pneumoniae«, des Erregers der Lobärpneumonie. Er wurde am 10. März 1848 in Frankfurt (Oder) in unruhigen Revolutionszeiten geboren. Sein Vater David Eduard Fraenkel war Kaufmann und seine Mutter Sophie, geborene Traube, war die Nichte des bekannten Berliner Internisten Ludwig Traube (1818–1876). Die ursprünglich aus Breslau kommende Familie zog nach Berlin, wo Albert Fraenkel das Friedrich-Wilhelms-Gymnasium besuchte und nach dem Abitur 1866 an der Friedrich-Wilhelms-Universität zu Berlin sein Medizinstudium aufnahm. Am 4. März 1872 erhielt er die Approbation als Arzt und Geburtshelfer. Den Start ins Berufsleben begann Fraenkel an der Straßburger Kaiser-Wilhelm-Universität im Elsaß, die nach dem Deutsch-Französischen Krieg zu einer Musteruniversität ausgebaut wurde. Hier wurde Fraenkel Assistent von Adolf Kußmaul (1822–1902), einem der führenden Internisten seiner Zeit. Die weitere berufliche Entwicklung Fraenkels war eng mit seinem Onkel Ludwig Traube verbunden, dessen Assistent Fraenkel an der sogenannten »Propädeutischen Klinik« (ehemals »Deutsche Klinik«) wurde. Als Traube 1876 starb, übernahm dessen Nachfolger, Ernst von Leyden (1832–1910) dieses Amt. Gemeinsam mit Leyden wechselte Fraenkel nach dem Tode Friedrich Theodor von Frerichs (1819–1885) an die I. Medizinische Klinik (ehemals »Lateinische Klinik«). Bereits 1877 habilitierte sich Fraenkel, wie wir heute sagen würden »kumulativ«: Er reichte verschiedene Arbeiten ein, die seine wissenschaftliche Befähigung belegten. Gutachter war damals übrigens noch Frerichs, der mit Traube leider jahrelang überhaupt kein gutes Verhältnis pflegte (und vice versa), der aber objektiv blieb. 1884 wurde Fraenkel zum außerordentlichen Professor der Berliner Universität bestellt. In diesem Jahr entdeckte Fraenkel an der Charité den »Diplococcus pneumoniae«. Anfang 1887 übernahm Albert Fraenkel die Leitung der Frauen-Siechenanstalt in Berlin-Kreuzberg, wo er außerdem in der damaligen Königsgrätzer

Strasse eine Privatklinik gründete. Drei Jahre später wurde er zu einem von zwei Direktoren des neugegründeten städtischen Krankenhauses »Am Urban« in Berlin gewählt. Der Co-Direktor war der Chirurg Werner Körte (1853–1937). In seiner Kreuzberger Zeit war Fraenkel sehr aktiv: er gründete im Krankenhaus eine eigene Prosektur, eine Einrichtung für Tuberkulose- und Lungenkranke, eine bakteriologisch-chemische Abteilung, eine Physiotherapie sowie eine neue Röntgenabteilung. Seine medizinisch-hygienischen Standarts galten als mustergültig. Fraenkel wurde Geheimer Medizinalrat und 1891 Mitglied der Leopoldina, jedoch nie ordentlicher Professor für Innere Medizin an einer deutschen Universität, was er als Zurücksetzung empfand.[1] Das Problem bestand darin, dass es an den preußischen Universitäten, aber auch an anderen deutschen Universitäten, meist nur eine ordentliche Professur, seltener zwei Ordinariate für Innere Medizin (oder ein anderes Fachgebiet) gab. Viele Spezialfächer fanden erst später Eingang in die Struktur der Fakultäten.

Es lässt sich belegen, dass es keine akademische Zurücksetzung jüdischer Wissenschaftler und Mediziner bis zu ihrer Habilitation gab, wohl aber eine signifikante Zurücksetzung, wenn es um die Besetzung von Ordinariaten ging. Auch deshalb konnte die Taufe nicht immer auch den kurzfristigen Zugang zu einer Professur bedeuten. Als Gruppe wurden die an den Universitäten verbleibenden jüdischen Wissenschaftler nicht aus dem Wissenschaftssystem hinausgedrängt, sondern zunächst in ihren Spezialgebieten belassen, welche sich oft als Brennpunkte wissenschaftlichen Fortschritts erwiesen. Jüdische Gelehrte waren ein integraler Bestandteil des preußischen Wissenschaftssystems, welches sie als »habilitierte Reservearmee« nutzte. Im 19. Jahrhundert erwiesen sich gerade die »Nebenfächer«, wie die physiologische Chemie, die sich aus ihrem Mutterfach, also zum Beispiel der Inneren Medizin ableiteten, als zentral für den wissenschaftlichen Fortschritt. Diese weichten durch naturwissenschaftliche Ideen und neue Methoden die festen Grenzen der Fächer auf und boten neue Ansätze. Die jüdischen und nichtjüdischen Wissenschaftler, die diesem Trend folgen konnten, befanden sich so plötzlich in Schlüsselpositionen, an interdisziplinären Schnittstellen, die es ihnen (Talent, Geld, Geduld und Energie vorausgesetzt) ermöglichten, zu Kristallisationszentren vieler neuer wissenschaftlicher Gebiete zu werden. Die Tatsache, dass habilitierte – jüdische und nichtjüdische – Mediziner Chefarztpositionen an kommunalen Krankenhäu-

sern übernahmen (oder übernehmen mussten), weil die Universität keine Perspektive mehr bieten konnte, führte auch zu einer qualitativen Verbreiterung des gesamten »Systems«.[2]

1895 wurde aufgrund der gestiegenen Patientenzahlen die innere Abteilung geteilt und Ernst Stadelmann (1853–1941), ein Schüler Bernhard Naunyns (1839–1925), zum Co-Direktor der Inneren Klinik im Urban-Krankenhaus berufen. Die Prosektur wurde mit Carl Benda (1857–1932) besetzt. Eng blieb Fraenkels Zusammenarbeit mit Ernst von Leyden, dessen neugegründeten »Verein für innere Medizin« er aktiv mit Vorträgen, klinischen Demonstrationen und zeitweise auch als stellvertretender Vorsitzender unterstützte. Bleibende Verdienste erwarb sich Fraenkel auf den Gebieten der Herz- und Atmungserkrankungen, der Magenerkrankungen, endokrinologischer und onkologischer Erkrankungen, speziell der akuten Leukämie. Ein Schwerpunkt seiner Arbeit war die Bekämpfung der Tuberkulose, wobei Fraenkel auf soziale Fragen der Krankheit hinwies. Zu Albert Fraenkels Schülern zählte unter anderem auch der Chirurg Moritz Borchardt (1868–1948), der in Zürich,

Berlin, Leipzig und Heidelberg studierte und dann Assistent am Urban-Krankenhaus wurde, wo Fraenkel ihn in Innerer Medizin und Werner Körte in Chirurgie ausbildete. Borchardt habilitierte sich 1901 und wurde 1905 außerordentlicher Professor. Er übernahm zunächst die Leitung der Chirurgie im neugegründeten Rudolf-Virchow-Krankenhaus, um ab 1919 die Chirurgische Klinik im Krankenhaus Moabit zu leiten, die ab 1920 zur III. Chirurgischen Klinik der Medizinischen Fakultät avancierte. Borchardt wurde 1933 entlassen, konnte jedoch nach Südamerika emigrieren. Weitere bekannte Schüler Fraenkels waren der Gerichtsmediziner Georg Puppe (1867–1925), später Ordinarius in Königsberg, der Berliner Neurologe Max Rothmann (1868–1915) und der Prosektor am Jüdischen Krankenhaus Hans Kohn (1866–1936). Albert Fraenkel starb am 6. Juli 1916 an einem Herzinfarkt. In Berlin erinnert das »Fraenkel-Ufer« an den beliebten Arzt, genialen Forscher und wichtigen Medizinmanager. Ludwig Traube, der Onkel und Lehrer Fraenkels, hatte seinem Neffen einst sein eigenes Stethoskop als Vermächtnis übergeben. Dieses Traube-Stethoskop erhielt später Hermann Zondek (1887–1979), ein würdiger Amtsnachfolger Albert Fraenkels, der nach 1933 von den Nationalsozialisten vertrieben nach Palästina emigrieren musste.[3] Heute befindet sich das wertvolle Instrument in der Sammlung des Centrum Judaicum in Berlin.

ADE

Literatur:

1 Scholz-Janotte, I., Berndt, H. Zur Erinnerung an Albert Fraenkel (1848–1916). Charité-Annalen NF 1991;11:241–244.

2 Ebert, A. D. Jüdische Hochschullehrer an preußischen Universitäten (1870–1924). Eine quantitative Untersuchung mit biografischen Skizzen. Mabuse-Verlag, Frankfurt/M, 2008, 160–168.

3 Zondek, H. Auf festem Fusse. Deutsche Verlags-Anstalt GmbH, Stuttgart, 1973, S. 122–123.

EHEMALIGER KIRCHHOF UND DORFKIRCHE WEISSENSEE (HEUTE EVANGELISCHE PFARRKIRCHE WEISSENSEE)

Eduard August Martin (1847–1933)

Ehemaliger Kirchhof und Dorfkirche Weißensee (heute Evangelische Pfarrkirche Weißensee), Gräberkartei A

»Mit August Martin ist der letzte der Männer dahingegangen, in denen die Entwicklung der ganzen deutschen Gynäkologie verkörpert war.«[1] – Mit diesen Worten würdigte Walter Stoeckel (1871–1961), der damalige Vorsitzende der Berliner Gesellschaft für Gynäkologie und Geburtshilfe, den kurz zuvor Verstorbenen. Die Bedeutung August Martins hat sich jedoch seitdem relativiert.

Eduard August Martin wurde am 14. Juli 1847 in Jena geboren. Sein Vater war der bekannte, zunächst an der Jenenser, dann an der Berliner Universitäts-Frauenklinik wirkende Geheimrat Professor Eduard Arnold Martin (1809–1875). Zur Unterscheidung von seinem Vater und seinem später ebenfalls wissenschaftlich tätigen Bruder Ernst stellt Martin zu Beginn seiner akademischen Laufbahn seinen zweiten Namen August voran und ging daher als August Martin in die Medizingeschichte ein.

Martin studierte von 1866 bis 1872 in Jena und Berlin Medizin, unterbrochen von einem Jahr Freiwilligendienst im Deutsch-Französischen Krieg. 1870 wurde er promoviert und Ende Januar 1872 nach dem Ablegen der Staatsexamina als Arzt approbiert. Über den Abend nach der letzten Prüfung schreibt August Martin in seinen Lebenserinnerungen: »Es war späte Abendstunde, als ich nach Hause kam. Ich war erschöpft, setzte mich zuerst in meine Stube hin, bis mein Vater, der mich mit einer gewissen Unruhe erwartete, mich aufsuchte und mit einer Zärtlichkeit begrüßte, die seinem sonst so zurückhaltenden Wesen durchaus nicht eigen war. In der Freude seines Herzens spendierte er eine Flasche des herrlichen St. Perray-Burgunders ... So haben wir Stunden in trautem Geplauder, in Erinnerungen und Plänen zugebracht; eine Stunde der Intimität mit meinem Vater, wie sie nicht wiedergekehrt ist.«[2]

Es folgten, auf Wunsch seines Vaters, Studienreisen nach England, Wien, Prag und Breslau. 1858 hatte Eduard Arnold Martin die Leitung der Berliner Universitäts-Frauenklinik übernommen. Ab September 1872 war sein Sohn August, allerdings mit einer vom Ministerium bezüglich der Vater-Sohn-Beziehung erteilten Ausnahmegenehmigung, Assistenzarzt an dieser Klinik. Nachdem sein Vater im Dezember 1875 den Folgen einer Typhuserkrankung erlag, übernahm nach einer kurzen Interimszeit Carl Schröder (1838–1887) die Leitung der Klinik. Bei ihm habilitierte sich August Martin dann im Juli 1876 – dieser hatte ihm auch angeboten, weiter als Privatdozent an der Klinik zu bleiben. Aber die Mitassistenten lehnten eine Verlängerung der Ausbildungszeit, die mit einer Gehaltsaufbesserung verbunden gewesen wäre, über die drei üblichen Jahre hinaus ab. August Martin verlegte sein Tätigkeitsfeld also auf den außeruniversitären Bereich und eröffnete schließlich eine Privatklinik, zunächst in der Elsasser Straße in Berlin-Mitte, später in der Eichendorffstraße 4. In Martins Memoiren findet sich auch eine kurze Beschreibung seines Tagesablaufes in jenen Jahren: »Früh Kolleg, eine Stunde reiten, dann Arbeit in der Klinik, Krankenbesuche in der Stadt, um 3 Uhr sollte gegessen werden, dann war Sprechstunde, an diese schloß sich eine kurze Pause an, abends bin ich regelmäßig zu Patienten in die Klinik gegangen oder auf Praxis [...]. Schon sehr früh mußte ich darauf verzichten, längere gesellige Freuden auszugießen. Ich strebte meist danach, daß wir um 11 Uhr (nachts) heimkehrten, so daß mir noch 1–2 Stunden blieben, um meine Arbeit zu fördern.«[2] 1885 ließ Martin in der Elsasserstraße 85 ein eigenes Krankenhausgebäude bauen.

Bereits in seiner ersten kleinen Privatklinik hatte Martin sogenannte Ärztekurse abgehalten. Diese vom Berliner Dozentenverein veranstalteten Ferienkurse für praktische Ärzte wurden in den siebziger Jahren des 19. Jahrhunderts eingerichtet, um Ärzten die Gelegenheit zu geben, Wissenslücken aufzufüllen und sich mit modernen Methoden der Medizin vertraut zu machen. August Martin demonstrierte nicht nur Untersuchungs- und Operationstechniken am Phantom, es bestand auch die Möglichkeit, ihm, der weit über die Grenzen Berlins hinaus als begnadeter Operateur bekannt war, bei Eingriffen zuzusehen und von seiner Operationstechnik zu lernen.

Auch zu geburtshilflichen Themen hatte Martin über 50 Aufsätze, Monographien und Vorträge veröffentlicht. Von diesen ist, zumindest

aus historischer Perspektive, vor allem sein »kombinierter Handgriff zur Entwicklung des nachfolgenden Kopfes« zu erwähnen, der unter dem Namen »Wiegand-Martin-von Winckelscher Handgriff« oder kurz »Dreimännerhandgriff« in älteren geburtshilflichen Lehrbüchern zu finden ist und angewendet wurde, wenn bei einer Beckenendlagengeburt der Kopf nicht in das kleine Becken eintrat.[3]

August Martins Lebensziel war die akademische Laufbahn, das Ordinariat. Doch es dauerte trotz seines fachlichen Könnens und seines internationalen Renommees 15 Jahre, bis Martin vom Privatdozenten zum außerordentlichen Professor aufrücken konnte. Als dann 1899 zeitgleich zwei Berufungen nach Prag und Greifswald vorlagen, wechselte August

Martin zum Erstaunen vieler in die vorpommersche Kleinstadt. Währenddessen erfolgte eine gründliche Reorganisation, Modernisierung und bauliche Erweiterung der Greifswalder Universitäts-Frauenklinik, Martin gründete 1902 auch eine pommersche gynäkologische Gesellschaft.

Die ungünstigen Folgen einer Auseinandersetzung mit dem preußischen Kultusministerium, aber auch sein sich verschlechternder Gesundheitszustand (Gichtanfälle und eine zunehmende Schwerhörigkeit), brachten Martin dazu, 1907 um seine Entlassung aus dem Staatsdienst zu bitten und wieder nach Berlin zurückzukehren. Ein Jahr später, mit 61 Jahren, beendete Martin seine praktisch-ärztliche Tätigkeit und widmete sich nun vor allem der Herausgeberschaft der »Monatsschrift für Geburtshülfe und Gynäkologie«, die er 1895 (mit-)gegründet hatte.

Anlässlich des 70. Geburtstages von August Martin im Jahre 1917 wurde eine ganze Ausgabe der »Monatsschrift« dem Jubilar gewidmet. Diese Festschrift enthielt neben Arbeiten von Schülern, Freunden und zwei Söhnen Martins auch ein Verzeichnis seiner mehr als 500 Veröffentlichungen.[4] Nach dieser großen Geburtstagsfeier zog sich Martin, inzwischen nahezu gänzlich ertaubt, mit seiner Frau nach Ratzeburg zurück, wo seine Tochter wohnte, und betätigte sich nun vor allem schriftstellerisch. 1924 erschien seine lesenswerte Autobiographie »Werden und Wirken eines deutschen Frauenarztes«, in dem er plastisch und interessant ein halbes Jahrhundert deutscher und internationaler Gynäkologie-Entwicklung aus eigener Anschauung schildert.[2]

In seinen letzten Lebensjahren wurde Martin wiederholt von Schlaganfällen heimgesucht, die er völlig überwand, bis er dann am 26. November 1933 doch nach einem erneuten Anfall starb. Walter Stoeckel schloss seinen bereits zitierten Nachruf mit den Worten: »Mit August Martin ist eine ruhmvolle Zeit unseres Faches zu Grabe gegangen/Möge die Zukunft uns Männer schenken, die das gleiche leisten.«[1] *MD*

Literatur:
1 Stoeckel, W. Gedenkwort für August Martin. Zentralbl. Gynäkol. 1934;58:993–996.
2 Martin, A. Werden und Wirken eines deutschen Frauenarztes. S. Karger, Berlin, 1924.
3 Martin, A. Ueber die manuelle Entwicklung des nachfolgenden Kopfes bei räumlichem Missverhältnis. Berliner Klin. Wochenschr. 1886;23:661–663.
4 Monatsschrift für Geburtshilfe und Gynäkologie. 1917; Band XLVI (Heft 1), gewidmet August Martin zum 70. Geburtstag.

Eduard Arnold Martin (1809–1875)

Ehemaliger Kirchhof und Dorfkirche Weißensee (heute Evangelische Pfarrkirche Weißensee), Gräberkartei A

»In Erfolg meines Erlasses vom 3. d. M. benachrichtige ich Euch, dass Seine Majestät der König auf meinen Antrag mittels allerhöchster Oder vom 5. d. M. Sie zum ordentlichen Professor für Geburtshülfe in der medizinischen Facultät der hiesigen Friedrich-Wilhelms-Universität mit einem Jahresgehalt von achtzehnhundert Thalern und einer freien Anstaltswohnung im Gebäude des geburtshülflich-klinischen Institutes der Universität [...] zu berufen geruht hat.«[1] Dieses Schreiben aus dem königlich-preußischen Kultusministerium erreichte Eduard Martin im August 1858. Und Martin folgte dieser Berufung nach Berlin gern und mit dem Vorsatz, in Ergänzung zu der bereits vorhandenen geburtshilflichen, auch eine gynäkologische Klinik zu gründen.

Geboren wurde Eduard Arnold Martin am 22. April 1809 in Heidelberg als Sohn von Professor Christoph Martin (1772–1857), einem der damals bedeutendsten Vertreter der deutschen Zivilprozesslehre. Durch die Familie beeinflusst, studierte Eduard Martin zunächst »gehorsam dem strengen Wunsche seines Vaters folgend«[1] vier Semester Jura in Jena. Doch die Juristerei sagte dem jungen Studenten nicht sonderlich zu; seine naturwissenschaftlich-medizinischen Interessen bewogen ihn 1828 zu einem Wechsel an die Medizinische Fakultät in Jena. Sein Medizinstudium setzte er 1830/1831 in Heidelberg fort, wo ihn Franz Carl Naegele (1778–1851) offenbar für die Geburtshilfe begeisterte. Er promovierte im Oktober 1833 in Jena. Studienreisen führten ihn anschließend nach Prag, Wien, Berlin, Paris und London. Zu Beginn des Sommersemesters 1835 habilitierte er sich in Jena, 1837 wurde er hier außerordentlicher Professor und 1838 »Subdirektor« der geburtshilflichen Klinik. 1846 wurde ihm schließlich der gesamte geburtshilfliche Unterricht übertragen.

Nachdem Martin 1843 eine geburtshilfliche Poliklinik in der Jenaer Entbindungsanstalt (die erste ihrer Art in Deutschland) gegründet hatte, setzte er 1846 die Überführung der Eisenacher Hebammenschule nach Jena durch. Im Oktober 1858 folgte der 49-jährige Eduard Arnold Martin dem auf Betreiben des Leibarztes des preußischen Königs Friedrich Wilhelm IV. (1795–1861) Johann Lukas Schoenlein (1793–1864), aber wohl auch Rudolf Virchows (1821–1902) ergangenen Ruf der Universität nach Berlin.

Nach aufreibenden Diskussionen wurde ihm vom damaligen preußischen Kultusminister die Gründung der gynäkologischen Klinik gegen den Protest der Chirurgen gestattet. 30 Betten musste der damalige Chefchirurg der Charité, der Geheime Obermedizinalrat Johann Christian Jüngken (1793–1875), abtreten, was dem jungen Fachgebiet Gynäkologie und Martin persönlich ständige Anfeindungen eintrug. Schon damals war die Situation an der Berliner Charité kompliziert ... Was folgte, war eine Kette von Auseinandersetzungen, die im Kompetenzstreit um den Kaiserschnitt gipfelten und erst im Oktober 1868 mit der Emeritierung von Jünkgen endeten. Der ebenfalls von Martin geforderte Klinikneubau konnte aber erst durch seinen Nachfolger durchgesetzt werden, sodass der Klinikdirektor Martin oft mehrmals am Tage zwischen dem Haus in der Dorotheenstraße und dem Charité-Gelände hin und her pendeln musste.[1]

»Martin war unter anderem ein unermüdlicher Teilnehmer des von ihm eifrig geförderten Gedankenaustausches in wissenschaftlichen Vereinen. Hier hat er die zu jener Zeit noch kaum anerkannte Gynäkologie, ebenso wie die wissenschaftliche Geburtshilfe in weiten Kreisen der Ärzte eingeführt, ein sicherer Führer auf neuen Bahnen.«[2]

Nachdem Martin sein Direktorat in Berlin angetreten hatte, aktivierte er folgerichtig seine guten Beziehungen zur Berliner Gesellschaft für Geburtshülfe, der ältesten Fachgesellschaft dieser Art in Deutschland. Er wurde stellvertretender Vorsitzender und nach dem Tod des Gründungsvorsitzenden Carl Mayer (1795–1868) 1868 auch Vorsitzender dieser Gesellschaft.

Doch Martin wollte mehr. Während die wissenschaftliche Geburtshilfe an den Universitäten als Fach anerkannt war, musste seiner Ansicht nach nun der weitere Schwerpunkt der Entwicklung des Fachgebietes auf dem Ausbau der noch jungen (operativen) Gynäkologie, auch in Abgrenzung zur Chirurgie, liegen. Deshalb, und wohl auch wegen einiger fachlicher Differenzen, gründete er im Dezember 1873 mit einer Reihe jüngerer Ärzte eine Gesellschaft für Gynäkologie in Berlin, nachdem er mit diesen aus der geburtshilflichen ausgetreten war.

In die Geschichte eingegangen ist Eduard Arnold Martin aber wohl vor allem als Geburtshelfer der 18-jährigen Prinzessin Victoria, der ältesten Tochter der Queen. Die Geburt des späteren Kaisers Wilhelm II. am 27. Januar 1859 war sicher eine der, wenn nicht sogar die schwierigste geburtshilfliche Aufgabe, die er zu meistern hatte. Martin war erst Stunden nach Geburtsbeginn – deutlich zu spät – hinzugezogen worden, nachdem man bei einer Untersuchung festgestellt hatte, dass es sich um eine Beckenendlage handelte. In einer Chloroform-Narkose wurde die Prinzessin schließlich von ihrem Kind entbunden, wobei Martin nach dem Austritt des kindlichen Steißes an der Nabelschnur nur noch eine unregelmäßige Pulsation gefühlt hatte, sodass er sich vermutlich deswegen zu einer sogenannten Extraktion des Kindes entschloss. Dabei kam es zum Hochschlagen der Arme, einer gefürchteten Komplikation bei der Beckenendlagenentwicklung.[3] Prinz Friedrich Wilhelm, der Kindsvater, schilderte in seinem Geburtsbericht, dass er »Dr. Martin unter dem Flanellrock [der Kreißenden] mit aller Kraft arbeiten sah«.[4]

Zunächst lobte man die geburtshilfliche Leistung Martins, zumal die drei anderen bei der Geburt ebenfalls anwesenden Ärzte die schwierige Situation wohl nicht hätten meistern können. Auch die beiden Königsfamilien zeigten sich dankbar – Martin erhielt unter anderem einen wertvollen Ring und später einen Orden. Als sich aber ein Geburtsschaden bei dem kleinen Prinzen herausstellte, wurden insbesondere seitens der Mutter, aber auch in der Fachöffentlichkeit, mit der Zeit zunehmend Vorwürfe gegen Martin laut, dieser hätte den Schaden durch fehlerhaftes Vorgehen verschuldet.[5] Das Lähmungsbild des linken Armes muss aus heutiger Sicht zumindest als Erb'sche-, wenn nicht als totale Armplexuslähmung gedeutet werden. Offenbar war der zunächst völlig gelähmte Arm der Preis für die Rettung des Lebens des Neugeborenen. Geburtshilfliche Alternativen gab es – in Kenntnis der Situation und der damaligen operativen Möglichkeiten – nicht. Inwiefern dieser »Makel« zu einer Überkompensation an Schneidigkeit, Härte und »Preußentum« bei Kaiser Wilhelm II. geführt hat, ist schwer zu entscheiden. Politische Prozesse mit der schwierigen Geburt des Kaisers, seiner körperlichen Behinderung und seinen psychomotorischen Defiziten in Zusammenhang zu bringen, erscheint gewagt.

Eduard Arnold Martin starb am 6. Dezember 1875 an den Spätfolgen einer typhösen Erkrankung, die er sich im Sommer des gleichen Jahres zugezogen hatte.[2]

MD

Literatur:

1 Ebert, A., David, M. Eduard Arnold Martin – Gründer der Berliner Gesellschaft für Gynäkologie (1873–1875). In: Ebert, A. D., Weitzel, H. K. (Hrsg.) Die Berliner Gesellschaft für Geburtshilfe und Gynäkologie 1844–1994. Walter de Gruyter, Berlin/New York, 1993, S. 26–37.

2 Martin, A. Eduard Arnold Martin. 1809 – 1875. Lebenslauf. Z. Geburtsh I 1876:6 – 8.

3 Maass, H. Das Geburtstrauma bei Kaiser Wilhelm den II. Frauenarzt 2004;45:582 – 584.

4 Röhl, J. C. G. Wilhelm II. Die Jugend des Kaisers. C. H. Beck, München, 2001.

5 Martin, A. Brief an Wilhelm II. vom Dez. 1928. Geh. Preuß. Staatsarchiv, BPH Rep. 53 Nr. 18 (2 S.).

Alfred Grotjahn (1869–1931)

Friedhof Baumschulenweg, Feld F

»Auch der unerhörte Aufschwung, den die Medizin in Verbindung mit den Naturwissenschaften im Verlauf des 19. Jahrhunderts nahm, hat gerade wegen dieser engen Verknüpfung mit den Naturwissenschaften die Erforschung der Beziehungen der Krankheiten zu den gesellschaftlichen Verhältnissen nicht begünstigt.«[1] So Alfred Grotjahn in seinem programmatischen Werk »Soziale Pathologie«, dessen erste Auflage 1915 erschienen ist.

Alfred Grotjahn wurde am 25. November 1869 in einer Arztfamilie in Schladen/Harz geboren. Medizin studierte er in Greifswald, Leipzig, Kiel und Berlin. Fast während des gesamten Studiums befasste sich Grotjahn mit marxistischer und anderer sozialistischer Literatur und engagierte sich in studentischen Vereinigungen, die der deutschen Sozialdemokratie nahestanden.[2] Im August 1894 wurde er mit der Dissertation »Über Purpura rheumatica« zum Dr. med. promoviert. 1896 eröffnete er in der Kommandantenstraße 27 in Berlin-Kreuzberg eine private Niederlassung als praktischer Arzt. 1900 verlegte Grotjahn seine Praxis in die Nähe des Waldeck-Parks an der Alexandrinen-/Ecke Kürassierstraße (heute Oranienstraße) und war anschließend Kassenarzt des Berliner Gewerks-Krankenvereins. 1912 wurde Grotjahn als Erster in Deutschland im Fach »Soziale Hygiene« habilitiert, unmittelbar darauf Leiter der Abteilung für Soziale Hygiene am Institut für Hygiene der Berliner Universität und hielt als Privatdozent auch Vorlesungen. Er veröffentlichte wichtige Werke wie 1912 gemeinsam mit Ignaz Kaup (1870–1944) das »Handwörterbuch der sozialen Hygiene« und das Grundlagenwerk »Soziale Pathologie«, sein Habilitationsthema. 1912 erreichte ihn ein Ruf der Münchener Universität, den er jedoch wohl wegen zu geringer Bezahlung ablehnte.[4]

1915 gab er seine eigene Praxis auf und übernahm bis 1917 die Leitung der Abteilung Soziale Hygiene des Städtischen Medizinalamtes Berlin.

1919/1920 war er ärztlicher Leiter des Berliner Heimstättenamtes. 1920 hatte der zuständige (sozialdemokratische) Minister gegen den Widerstand der Fakultät die Ernennung Grotjahns zum ordentlichen Professor für Sozialhygiene an der Berliner Universität angeordnet. »Auf die Ausstattung mit einem besonderen Institut oder die Bewilligung eines Assistenten«[6] hatte Grotjahn vorher allerdings ausdrücklich verzichten müssen. Umso erstaunlicher war die Wahl des »Revolutionsprofessors« mit 20 gegen 2 Stimmen zum Dekan der Fakultät im Jahre 1927/1928.[6]

Alfred Grotjahn gilt neben Alfons Fischer (1871–1936) als Begründer der modernen Sozialhygiene und war von 1920 bis 1931 erster Lehrstuhlinhaber in diesem Fach in Deutschland. Heute besteht weitgehend darüber Konsens, dass es an der Wende des 20. Jahrhunderts das Verdienst Alfred Grotjahns war, in Deutschland der Sozialhygiene ein eigenständiges Profil und eine selbständige »Stellung im System der Wissenschaft« gegeben zu haben.[5] Grotjahn teilte mit vielen anderen Ärzten und Wissenschaftlern das Interesse an der Erforschung der Zusammenhänge von Krankheit und sozialer Lage und das damit verbundene Bestreben einer »Humanisierung der Lebensverhältnisse« durch eine »Verwissenschaftlichung des Alltags«.[5]

Alfred Grotjahn integrierte über die generativen Aspekte auch die Eugenik als Teil der Fortpflanzungshygiene in sein Konzept. Insbesondere in seinen letzten Lebensjahren nahmen Arbeiten zur Eugenik einen relativ großen Raum ein. Zu erwähnen sind unter den circa 80 Veröffentlichungen zum Themenkomplex Sozialhygiene und Eugenik besonders »Geburtenrückgang und Geburtenregelung« von 1914 und das Grundlagenwerk »Die Hygiene der menschlichen Fortpflanzung« von 1926. Grotjahn hatte bereits früh wirksame Maßnahmen gegen den sich Anfang des 20. Jahrhunderts in Deutschland abzeichnenden Geburtenrückgang gefordert.[4] Aus heutiger Sicht sind die normativen Aspekte in Grotjahns Konzept der Fortpflanzungshygiene problematisch, die mit individuellen reproduktiven und sexuellen Menschenrechten unvereinbar scheinen.[5]

Die Machtübernahme durch die Nationalsozialisten beendete für eine Reihe von Grotjahns Schülern die beruflichen Karrieren, einige mussten Deutschland verlassen. Jedoch verloren auch nach 1945 Grotjahns Ideen nicht an Bedeutung. Zum einen wirkte die von seinen Schülern im Exil in den USA mitgestaltete Sozialmedizin in den 1960er

Jahren auf die Bundesrepublik Deutschland zurück, zum anderen fand Grotjahns Konzept der Sozialhygiene in der frühen Sowjetunion Beachtung und prägte auch die Gesundheitspolitik in der DDR.[5]

»Grotjahn hatte die Vorstellung, dass die von ihm geforderten sozialhygienischen Maßnahmen und Einrichtungen sich besser in einem gemeinwirtschaftlichen als in einem privatkapitalistischen Gesundheitssystem verwirklichen lassen würden.«[2] Folgerichtig trat er im Juni 1919 in den »Verein sozialistischer Ärzte« ein, und im Herbst des gleichen Jahres wurde Grotjahn Mitglied der MSPD. Für die Wahl zum ersten Reichstag der Weimarer Republik ließ sich Grotjahn von der SPD als Kandidat aufstellen. Er sah sich hier wohl auch als Nachfolger Rudolf Virchows (1821–1902), der ebenfalls soziale Fragen mit der Medizin verbunden hatte. Am 26. April 1921 wurde er als Nachrücker Mitglied des Deutschen Reichstages, wo er als Abgeordneter bis zum Ende der Legislaturperiode 1924 blieb. Er war Mitglied in den Ausschüssen »für soziale Angelegenheiten« und »zur Vorbereitung des Entwurfes eines Reichsjugendwohlfahrtsgesetzes«.[2] Es gelang ihm während seiner Zeit als Abgeordneter, einige gesundheitspolitische Gesetzesinitiativen mit zu prägen. Im Verlauf der nächsten Jahre verschlechterte sich Grotjahns Verhältnis zur SPD, nachdem sich Differenzen in gesundheitspolitischen Auffassungen, zum Beispiel zu den Paragraphen 218/219, ergeben hatten. Auch Grotjahn musste erkennen, dass nicht nur Sachverstand und Vernunft in der Politik ausschlaggebend sind.[3] Er legte schließlich seine Parteiämter nieder, blieb aber SPD-Mitglied und im Vorstand der »Arbeitsgemeinschaft sozialistischer Alkoholgegner«.[2]

Alfred Grotjahn starb am 4. September 1931 in Berlin. »Es hat viele Versuche gegeben, den politischen Standort Grotjahns zu fixieren. Sie alle brachten bisher seine Widersprüche, Begrenztheiten, Wandlungen, Irrungen und Kompromisse nicht auf einen Nenner. Am ehesten trifft wohl zu, dass er in der Sozialdemokratie ›am äußeren rechten Rand‹ anzusiedeln sei. Die Grenzen zum Konservatismus sind fließend wie die Ablehnung der KPD. Arbeitsam und fleißig, geistig wach und vielseitig interessiert – das waren wesentliche Eigenschaften von Alfred Grotjahn.«[3]

MD

Literatur:

1 Grotjahn, A. Soziale Pathologie. Versuch einer Lehre von den sozialen Beziehungen der menschlichen Krankheiten als Grundlage der sozialen Medizin und der sozialen Hygiene. A. Hirschwald, Berlin, 1915.

2 Dieckhöfer, K., Kaspari, Ch. Die Tätigkeit des Sozialhygienikers und Eugenikers Alfred Grotjahn (1869–1931) als Reichstagsabgeordneter der SPD 1921–1924. Medizinhistorisches Journal 1986;21:308–331.

3 Meyer, B. Begründer der Sozialhygiene. Der Arzt Alfred Grotjahn (1869–1931). Porträt. Edition Luisenstadt, Berlin, 1997, S. 70–76 (https://berlingeschichte.de/bms/bmstxt97/9709pord.htm, letzter Zugriff: 05.09.2019).

4 Kaspari, Ch. Der Eugeniker Alfred Grotjahn (1869–1931) und die »Münchner Rassenhygieniker«: Der Streit um »Rassenhygiene oder Eugenik?«. Medizinhistorisches Journal 1989;24:306–332.

5 Ferdinand, U. Der Weg Alfred Grotjahns (1869–1931) zum »faustischen Pakt« in seinem Projekt der sozialen Hygiene. Gesundheitswesen 2007;69:158–164.

6 David, H. »... es soll das Haus die Charité heißen ...«. Band 1, Akademos, Berlin, 2004.

FRIEDHOF DAHLEM

Wilhelm Fließ (1858–1928)

Friedhof Dahlem, Feld 001-62

Wilhelm Fließ (1858–1928) ist heute vor allem durch seine Freundschaft und den Briefwechsel mit Sigmund Freud (1856–1939) bekannt. Er wird von einigen Freud-Biographen auch als »Geburtshelfer der Psychoanalyse« bezeichnet.

Wilhelm Fließ entstammt einer Familie sephardischer Juden, die sich im 18. Jahrhundert in der Mark Brandenburg niedergelassen hatte. Er wurde am 24. Oktober 1858 in Arnswalde, damals Mark Brandenburg, geboren. Sein Vater Jacob Fließ handelte mit Getreide. 1862 zog die Familie Fließ nach Berlin. Im Juni 1878 nahm sich sein Vater in Leipzig das Leben, vermutlich wegen massiver wirtschaftlicher Probleme. Eineinhalb Jahre nach dem Freitod des Vaters starb seine Schwester Klara mit 20 Jahren an einer Pneumonie, sodass Wilhelm Fließ mit 21 Jahren allein mit seiner Mutter und den von seinem Vater hinterlassenen Schulden zurückblieb. Nach dem Abitur musste er arbeiten, um sein Medizinstudium an der Berliner Friedrich-Wilhelms-Universität finanzieren zu können. 1883 ließ er sich in Berlin als praktischer Arzt nieder. Im August 1887 führte ihn eine größere Europareise während eines Sabbatjahrs unter anderem nach Wien an das Allgemeine Krankenhaus, wo er drei Monate arbeitete und auch Sigmund Freuds Vorlesungen besuchte. Beide lernten sich wohl auf einer Abendgesellschaft bei Freuds Freund und Kollege Josef Breuer (1842–1925) näher kennen. Fließ kehrte im November 1887 nach Berlin zurück, nahm seine Praxistätigkeit wieder auf und spezialisierte sich schließlich auf Nasen- und Halsleiden.[1]

Wilhelm Fließ hatte offenbar etwas »Genialisches«. Er besaß die Gabe, so berichteten Zeitzeugen, seine Freunde und Patienten durch sein umfassendes biologisches Wissen, seine weit ausgreifende Phantasie und den unerschütterlichen Glauben an seine therapeutischen Fähigkeiten zu beeindrucken. Und er hinterließ auch bei Sigmund Freud einen bleibenden Eindruck; nach einer zunächst sporadischen Korrespondenz folgte ab 1892 ein intensiver Briefwechsel. Die Informationen über diese Zeit stammen aus 284 Briefen, die Freud an seinen Berliner Freund Wilhelm Fließ richtete. In die Literatur zur Entwicklung der Psychoanalyse ist diese Zeit unter dem Namen »Fließ-Periode« (1887–1902) eingegangen. Freud und Fließ schickten sich gegenseitig ihre wissenschaftlichen Arbeiten, trafen sich in regelmäßigen Abständen zu sogenannten Kongressen und tauschten sich über Ideen und Projekte aus, wobei nur die Briefe von Freud an Fließ erhalten sind. Freud hat nach dem Ende der Freundschaft seine Briefe vernichtet. So ist zwar nicht unmittelbar nachvollziehbar, in welchem Ausmaß Fließ in der Lage war, Freuds Gedankengängen zu folgen. Man kann aber aus Freuds Briefen schließen, dass Fließ nicht nur ein interessierter, sondern bis zu einem gewissen Grad auch ein verständnisvoller, wenngleich kritischer Zuhörer beziehungsweise Leser war. Fließ war zum Teil auch Freuds Arzt – er unternahm unter anderem einen operativen Eingriff an Freuds Nase, um dessen Migränesymptome zu behandeln.

Die drei großen Forschungsthemen von Wilhelm Fließ waren die Periodizitätslehre, die Lehre von der Doppelgeschlechtigkeit und die sogenannten nasalen Reflexneurosen, zu denen er erstmals 1893 einen Beitrag publizierte: »Mitten im Antlitz des Schädels liegt die Nase, das Schaltstück zwischen dem Sehorgan, der Mundhöhle und der knöchernen Grundlage des Vorder- und Mittelhirns. Ihre Mündung in den Nasenrachenraum gibt ihr örtliche Beziehung zum Ohr und zum Kehlkopf. Aber diese nachbarlichen Verhältnisse begrenzen die Bedeutung der Nase ebenso wenig, wie ihre Einrichtung für die Atmung und für den Geruch. Denn eine wichtige Verknüpfung gesellt sie zum Geschlechtsapparat, mit dem sie in inniger Wechselbeziehung steht.« – So beginnt Wilhelm Fließ die 1. Auflage seines Buches über die »Beziehung zwischen der Nase und den weiblichen Geschlechtsorganen«. Fließ war der Überzeugung, dass die Verdrängung ein Resultat einer Konfliktverschiebung im anatomischen Sinne ist, nämlich zum Beispiel vom Genitale zur Nase. Die Lösung bestand daher nach Fließ' Meinung in der physikalischen Intervention durch Manipulation beziehungsweise Operation an der Nase respektive im Bereich bestimmter »erogener Zonen« der Nasenschleimhaut.

Sein zweites großes Forschungsthema war die weibliche und männliche Periodizität im menschlichen Leben. Hirsch schrieb dazu 1928 kritisch-moderierend: »Indem er [Fließ] die ›kritischen Tage‹ des Men-

schenlebens, an welchem Geburts- und Todesfälle innerhalb von Generationen sich häufen, als endogene Erscheinung darstellt, drängt er die Einflüsse der Umwelt zu einer Bedeutungslosigkeit zurück, welche zu der Lehre von der Krankheitsentstehung am Ende des vorigen Jahrhunderts im scharfen Gegensatz stehen. Aber mir scheint, dass dieser Gegensatz heute schon erheblich gemildert ist. Seitdem Vererbungsforschung und Konstitutionswissenschaft sich der ärztlichen Gedankenwelt bemächtigt haben, hat die endogene Reaktionsweise des menschlichen Organismus auf Einflüsse der Umwelt [an] Bedeutung gewonnen ...«[3]

1901 kam es zu einem Zerwürfnis zwischen Freud und Fließ; 1902 endete ihr Briefwechsel endgültig. Von 1904 bis 1906 folgte die sogenannte Plagiatsaffäre, wobei Fließ Freud vorwarf, seine Ideen an Schüler beziehungsweise Kollegen verraten zu haben.

Dennoch war es, wie Tochter Anna Freud (1895–1982) 1947 schrieb »ganz bestimmt so, dass mein Vater weder vorher, noch nachher eine ähnliche Beziehung zu einem Freund [nämlich Fließ] gehabt hat«.[1]

Von 1908 bis 1928 publizierte Fließ weiterhin neben seiner Praxistätigkeit zahlreiche Artikel und Monographien. Die Medizinische Fakultät Berlins beachtete seine Arbeit nicht – worunter er litt. Bereits 1913 hatte er gemeinsam mit Iwan Bloch (1872–1922), Ernst Haeckel (1834–1919) und Albert Eulenburg (1840–1917) die »Berliner Ärztliche Gesellschaft für Sexualwissenschaft und Eugenik« gegründet.

Zu Beginn des Jahres 1928 erkrankte Fließ. Er wurde an der Prostata operiert, von seinen Beschwerden jedoch nicht geheilt. Zusätzlich diagnostizierte man Darmkrebs, aber für einen heilenden Eingriff war es zu spät. Er starb am 13. Oktober 1928 in Berlin.

Nach Fließ' Tod erschienen zahlreiche Nachrufe, die sich wegen des spekulativen Charakters und der mangelnden experimentellen Bestätigung seiner Theorien mit (Be-)Wertungen zurückhielten. So schrieb der Gynäkologe Max Hirsch (1877–1948): »Es ist keine leichte Aufgabe, in einem kurzen Nachruf Wesen und Werk eines Mannes zu würdigen, der Jahrzehntelang außerhalb der hergebrachten wissenschaftlichen Denk- und Arbeitsform eigene Wege gegangen ist, der seine Lehre fast bis zum letzten Atemzuge leidenschaftlich gegen eine Welt von Widerstand verteidigt und Zustimmung nur in beschränktem Maße gefunden hat.«[4] Und: »Ein eigenwilliger, anregender, ernst und schwer ringender Geist ist ausgelöscht. Sein Werk aber wird bleiben im Streite der Lebensforscher, wenn auch der Strom der Zeit gewiss manches hinwegspülen wird.«[3]

MD

Literatur:

1 Porge, E. Schöne Paranoia. Wilhelm Fließ, sein Plagiat und Freud. Turia + Kant, Wien, 2005.

2 Fließ, W. Die Beziehung zwischen Nase und weiblichen Geschlechtsorganen in ihrer bisherigen Bedeutung dargestellt. F. Deuticke, Leipzig/Wien, 1897.

3 Hirsch, M. Nachruf auf Wilhelm Fließ. Archiv für Frauenkunde 1928;14:422 – 424.

4 Hirsch, M. Wilhelm Fließ – Nachruf. Deutsche Medizinische Wochenschrift November 1928, 1983–1984.

STÄDTISCHER WALDFRIEDHOF DAHLEM

Gottfried Benn (1886–1956)

Städtischer Waldfriedhof Dahlem, Abt. 27 W – 31/32

»Ich lese manchmal in den Zeitungen Ihren Namen – sind Sie das wirklich? Ich hätte es für vollkommen unmöglich gehalten, dass man sich mit Ihnen über was anderes unterhalten kann, als über Krebsstatistik oder Bauchfellücken«,[1] so schrieb ein ärztlicher Kollege an Gottfried Benn. Dieser hat zwar auch eine Reihe medizinischer Schriften verfasst und fühlte sich »fachärztlich zuständig für drei Spezialgebiete: Pathologie [...], dann für Dermatologie und Venerologie und [...] auch für Versorgungsmedizin. In allen diesen drei Disziplinen habe ich wissenschaftliche Arbeiten verfaßt, die in den entsprechenden Fachzeitschriften und Büchern veröffentlich wurden.«[1] Berühmt geworden ist Gottfried Benn aber als Essayist, Dramatiker und Erzähler. Vor allem jedoch gilt er als einer der bedeutendsten deutschen Lyriker des 20. Jahrhunderts.

Gottfried Benn wurde am 2. Mai 1886 in Mansfeld, Kreis Westprignitz/Brandenburg, als Sohn eines protestantischen Pfarrers geboren. Nur wenig später zog die Familie nach Sellin (Neumark) um, wo sein Vater eine Pfarrstelle antrat.

Nachdem Benn zwei Jahre Theologie und Philologie in Marburg und Berlin studiert hatte, wechselt er gegen den Willen des Vaters zur Medizin und studierte von 1905 bis 1910 an der Berliner Kaiser-Wilhelm-Akademie für militärärztliches Bildungswesen. 1910 wurde er mit dem königlichen Preis der Medizinischen Fakultät der Universität Berlin für eine wissenschaftliche Arbeit über die »Ätiologie der Pubertätsepilepsie« ausgezeichnet.[1] Einige weitere medizinische Arbeiten waren eher von durchschnittlichem wissenschaftlichen Gehalt.[2] Von 1910 bis 1911 war er als Unterarzt an der Berliner Charité tätig, vermutlich in der psychiatrischen Abteilung.[3] Im Februar 1912 promovierte er »Über die Häufigkeit des Diabetes mellitus im Heer«. In diesem Jahr erschienen auch Benns erste lyrische Werke. Er begann mit »schockierenden, aus

Ekel am Dasein und Protest gegen den reaktionären Zeitgeist entstandenen Gedichten, in denen er mit gefühlskalt-sezierendem Blick Visionen von Verfall, Fäulnis und Verwesung registrierte ...«.[4] Benn war dann zunächst Militärarzt, musste aber aus gesundheitlichen Gründen (angeborene, einseitige Senkniere) seinen Abschied nehmen. Von 1912 bis 1914 lernte er als Assistenzarzt am pathologisch-anatomischen Institut des Krankenhauses Berlin–Westend auch den Umgang mit dem Skalpell und führte fast 300 Sektionen selbst aus. Zu dieser Zeit war er mit Else Lasker-Schüler (1869–1945) befreundet und verkehrte in den literarischen Kreisen der Berliner Expressionisten. 1914 bis 1917 war Benn als Sanitätsarzt im Kriegsdienst. Er wurde nach Brüssel versetzt, wo er zwei Jahre, von 1915 bis 1917, lebte. Hier entstanden unter anderem die ärztlich-autobiographische Erfahrungen verarbeitende »Rönne-Prosa« und weitere expressionistische Gedichte. 1917 war Benn wieder in Berlin und sammelte Erfahrungen in der dermatologischen Klinik der Charité. Vom November 1917 bis 1935 betrieb Benn eine Spezialpraxis für Haut- und Geschlechtskrankheiten am Belle-Alliance-Platz in West-Berlin. Die Praxis lief allerdings nie sehr gut, ermöglichte ihm aber doch eine umfangreiche dichterische Produktion. 1932 wurde Benn Mitglied der Preußischen Akademie der Künste. Diese Wahl war die größte Ehre, die ihm als Schriftsteller im deutschsprachigen Raum zuteilwerden konnte.[3] In dieses Jahr fiel auch der Beginn seiner lebenslangen Brieffreundschaft mit dem Bremer Importkaufmann Dr. Friedrich Wilhelm Oelze (1891–1978); bis 1956 schrieb Benn ihm rund 700 Briefe.[3]

Gottfried Benn begrüßte anfangs ausdrücklich und öffentlich die Machtübernahme durch die Nationalsozialisten in Deutschland als schicksalhaften Vorgang im Glauben an eine »geistige Erneuerung des Volkes«. Bekannt wurde er durch seine Rundfunkrede »Der neue Staat und die Intellektuellen« im April 1933. Dennoch wurde Benn im Winter 1933 vom NS-Ärztebund von der Liste Attest-berechtigter Ärzte gestrichen. Nach weiteren Angriffen in der NS-Presse gegen ihn und nach dem Röhm-Putsch 1934 begann Benn offenbar, die wahren politischen Verhältnisse zu erkennen. Er geriet in Isolation, denn 1936 wurde er aus dem Ärztebund, 1938 aus der Reichsschrifttumskammer ausgeschlossen und erhielt Schreibverbot. Nach seinen Worten die »aristokratische Form der Emigrierung«[3] wählend, gab er 1935 seine Praxis auf, ließ sich als Militärarzt reaktivieren und wurde zunächst als Oberstabsarzt in der

Heeressanitätsinspektion in Hannover eingesetzt. 1937, nach Veröffentlichung der »Ausgewählten Gedichte« zu Benns 50. Geburtstag, wurde er zunächst anonym in der SS-Wochenzeitung »Das Schwarze Korps«, später durch SS-Autoren in dem Buch »Säuberung des Kunsttempels« angegriffen und als »Kulturbolschewist« und »Rassenschänder« diffamiert.[3] Es gelang ihm aber, sich erfolgreich bei seinen militärischen Vorgesetzten dagegen zu verteidigen und er blieb als Versorgungsarzt im Oberkommando der Wehrmacht in Berlin tätig. Nach Kriegsende nahm er seine Praxistätigkeit im zerstörten Westberlin wieder auf und heiratete 1946 zum dritten Mal – die Zahnärztin Ilse Kaul, die eine eigene Praxis hatte. Ende der 1940er Jahre trat Benn wieder an die Öffentlichkeit, »heftige Diskussionen auslösend über seine persönliche, seine geistige und politische Haltung, über die Problematik seines Lebens und Werkes«.[4] Mit Gedichtbänden, die 1948 und 1949 erschienen, gelang ihm ein »Comeback«. Im August 1951 hielt er in Marburg seinen berühmten Vortrag »Probleme der Lyrik«[3], im Herbst des gleichen Jahres wurde ihm der Georg-Büchner-Preis verliehen, 1952 das Bundesverdienstkreuz erster Klasse.

1954 sprach Benn im Süddeutschen Rundfunk über das »Altern als Problem für Künstler«: »Die Vereinsamung, in der ich lebe, ist ja doch sehr groß und über die helfen auch alle Briefe literarischer Anhänger, Männer und Frauen, nicht hinweg. Innen in einem ist es grau und fragwürdig und unaussprechbar, und hinter der Maske der Ironie und Höflichkeit nach außen zerreißen sich immer von neuem die letzten Bestände von Leben und Glück ...«.[3]

1956, anlässlich seines 70. Geburtstages, fand in der Amerika-Gedenkbibliothek eine offizielle Feier des West-Berliner Senats statt. Benn konnte zu dieser Zeit schon nicht mehr im Sitzen schreiben und hatte starke Schmerzen, die er selbst als rheumatische Beschwerden einstufte. Er trat zunächst eine Kur in Schlangenbad an. Am 6. Juli, wieder zurück in Berlin, wurden zwei Tage nach der Erstuntersuchung im Berliner Oskar-Helene-Heim in Röntgenschichtaufnahmen metastatische Zerstörungen der oberen Wirbelsäulenknochen festgestellt.[3] Gottfried Benn starb am 7. Juli 1956 gegen 8 Uhr morgens im Beisein seiner Frau und wurde auf dem Waldfriedhof in Berlin-Dahlem beigesetzt.

»Am schlimmsten:
Nicht im Sommer sterben,
Wenn alles hell ist
Und die Erde für Spaten leicht.«[5]

MD

Literatur:

1 Rübe, W. Nachwort. In: Ders. (Hrsg.) Gottfried Benn. Medizinische Schriften. Limes Verlag, Wiesbaden, 1965.
2 Blenskens, H., Schmelzeisen, R. Gottfried Benn. Arzt, Schriftsteller, Bürger. In: Salfellner, H. (Hrsg.) Mit Feder und Skalpell. Grenzgänger zwischen Literatur und Medizin. Vitalis, Prag, 2014, S. 357–366.
3 Benn, G. Essays und Reden. In der Fassung der Erstdrucke, hrsg. von B. Hillebrand. Fischer Taschenbuch Verlag, Frankfurt am Main, 1989.
4 Albrecht, G., Böttcher, K., Greiner-Mai, H., Krohn, P. G. (Hrsg.) Lexikon deutschsprachiger Schriftsteller von den Anfängen bis zu Gegenwart. Bd. 1, A–K, VEB Bibliographisches Institut, Leipzig, 1974, S. 65–66.
5 Benn, G. Sämtliche Gedichte in einem Band. Klett-Kotta, Stuttgart, 1998.

Erich Bracht (1882–1969)

Waldfriedhof Zehlendorf, Feld 011-340

»Der Rückblick auf dieses Leben vermittelt mir einmal mehr die Erkenntnis, daß wir es nicht nötig haben und es uns auch nicht leisten sollten, ohne Erfahrungen und Tradition zu leben, die unsere Lehrer uns hinterlassen haben, weil darin trotz aller Zunahme der Kenntnisse und allen Wandels der Zeit viel allgemeingültige Weisheit und Lebensklugheit liegt.«[1] So äußerte sich Brachts langjähriger Oberarzt und Nachfolger Erich Jung in seinem Nachruf auf Erich Bracht (1882–1969).

Franz Eugen Erich Bracht wurde 1882 in Berlin geboren, der Stadt, in der er zeitlebens wirkte. Sein Vater war der Geheime Sanitätsrat Dr. med. Carl Anton Bracht, der ab 1870 in Berlin als praktischer Arzt arbeitete und wohl, wie so oft, die Berufswahl des Sohnes entscheidend beeinflusst haben dürfte.

Am Ende der von Erich Bracht 1908 vorgelegten Dissertation mit dem Titel »Über Rechtslagerung der Aorta. Ein Beitrag zu den Missbildungen des Aortenbogens«, findet sich ein Lebenslauf, in dem er die Zeit zwischen Geburt und Promotion kurz zusammenfasste: »Ich bin geboren zu Berlin am 5. Juli 1882. Nach der Reifeprüfung am Kgl. Friedrich-Wilhelms-Gymnasium daselbst bezog ich Ostern 1901 die Universität Freiburg, an der ich Ostern 1903 das Physikum bestand. Nach fünf klinischen Semestern in Kiel und Berlin beendete ich mein Staatsexamen in Berlin im Frühjahr 1906. Während eines klinischen Semesters diente ich im II. Garde-Regiment z.F. mit der Waffe. Das praktische Jahr widmete ich vor allem meiner Ausbildung in der Inneren Medizin am städtischen Urban-Krankenhaus und in der Bakteriologie am Institut für Infektionskrankheiten zu Berlin.«[2]

Nach dem praktischen Jahr arbeitete Bracht zunächst im Institut für Pathologische Anatomie in Freiburg unter Ludwig Aschoff (1866–1942), erst dann entschied er sich für das Fach Geburtshilfe und Frauenheilkunde. Seine Assistenzzeit absolvierte Bracht von Oktober 1908 bis Februar 1911 vor allem in der Kieler Universtitäts-Frauenklinik. Ab März 1911 war er dann zunächst »außeretatmäßiger Assistenzarzt der Frauen-Poliklinik« an der Universitätsfrauenklinik der Charité unter Karl Franz (1870–1920), dem er von Kiel nach Berlin gefolgt war. Dessen Schule war streng. Hinzu kam, dass Franz die Befähigung zum Operieren für angeboren und nicht für erlernbar hielt. Die Konsequenz war, dass Franz dazu neigte, seine Assistenten in »Kliniker« und »Theoretiker« einzuteilen und sie dann auch tatsächlich nahezu getrennt zu beschäftigen. Erich Bracht gehörte offenkundig zu den – talentierten – Operateuren.[3]

Nachdem er sich im Januar 1919 mit einer damals viel Aufmerksamkeit findenden Arbeit über die biologische Wirkung der Röntgenstrahlen habilitiert hatte, wurde Bracht 1922 nichtbeamteter außerordentlicher Professor.

Von Anfang 1926 bis zu Franz' frühem Tod im September desselben Jahres war Erich Bracht sein Stellvertreter. Sechs Tage später übertrug der Preußische Kultusminister die kommissarische Leitung der Charité-Frauenklinik an ihn, die er fast zwei Jahre ausübte, bis der als Nachfolger berufene Georg August Wagner (1873–1947) im Frühsommer 1928 das Ordinariat antrat. Bracht hatte dieses Amt schon einmal während des 1. Weltkrieges als Oberarzt innegehabt, als nämlich – in heutiger Zeit unvorstellbar – der gynäkologische Chef Franz vorübergehend die Leitung der Chirurgie übernehmen musste, weil deren Leiter als beratender Chirurg in Kriegslazaretten eingesetzt war.

Von 1928 bis 1933 war Bracht zunächst Chefarzt der geburtshilflich-gynäkologischen Abteilung am Krankenhaus Berlin-Wilmersdorf und im Oktober 1933 übernahm er die Leitung einer solchen Abteilung des sogenannten Cecilienhauses (heute Otto-Suhr-Allee 59 in Berlin-Charlottenburg). Krebsfrüherkennung und die Behandlung gynäkologischer Karzinome waren Schwerpunkte dieser besonderen Einrichtung.

Schon seit den 1920er Jahren hatte Bracht eine Privatpraxis in der Joachimsthaler Straße 21 (einem heutigen Ärztehaus), in der er auch wohnte. Er hatte einen Türdurchbruch zu der daneben liegenden sogenannten Westklinik eines chirurgischen Kollegen machen lassen, wo er in einer »Belegklinik« Operationen und Entbindungen durchführte.

1944 wurde das Cecilienhaus durch einen Bombenangriff so schwer beschädigt, dass der Klinikbetrieb eingestellt werden musste. Bracht

leitete dann in den beiden letzten Kriegsjahren die »Chirurgisch-gynäkologisch-geburtshilfliche Ausweichklinik der Reichshauptstadt zu Eberswalde«, die sich auf dem Gelände des heutigen Martin-Gropius-Krankenhauses für Psychiatrie befand. Die Geburtenbücher im Standesamt der Stadt bestätigen im Übrigen, dass in Eberswalde, 50 Kilometer von der Hauptstadt entfernt, Kinder in einer Berliner Klinik geboren wurden.

Im Juni 1945, also mit 63 Jahren, stellte sich Professor Bracht nochmals einer schwierigen Aufgabe – der Wiederinbetriebnahme der zu großen Teilen zerstörten Brandenburgischen Landesfrauenklinik und Hebammenlehranstalt in Berlin-Neukölln. Schon nach wenigen Jahren war die Neuköllner Frauenklinik wieder voll funktionsfähig und mit etwa 150 Betten eine der großen und renommierten geburtshilflich-gynäkologischen Kliniken der Stadt.

Während der Name Bracht heute gänzlich mit der Geburtshilfe verbunden ist, galt im »beruflichen Bereich sein Hauptinteresse […] seine leidenschaftliche Zuneigung der operativen Tätigkeit […]. Bei dieser Neigung und Begabung reizten ihn die […] großen Karzinomoperationen, die Eingriffe aus dem Bereich der gynäkologischen Urologie.«[1] Über die bis heute mit seinem Namen verbundene Manualhilfe bei Beckenendlage gibt es keine wissenschaftliche Abhandlung, sondern lediglich einen kurzen Film[4], der 1935 erstmals auf einer Sitzung der Berliner Gesellschaft für Gynäkologie und Geburtshilfe gezeigt wurde. Erich Bracht ging »von der Überzeugung aus, daß es einen spontanen Austrittsmechanismus bei der Beckenendlage gibt« und dass dieser »durch einen einfachen Handgriff erhalten und unterstützt werden soll«.[5] International bekannt wurde Brachts Methode durch seinen Vortrag »Zur Behandlung der Steißlage« auf dem Internationalen Kongress für Geburtshilfe und Gynäkologie am 6. Mai 1938 in Amsterdam.

Professor Erich Bracht, der, wie es in einem zeitgenössischen Zeitungsartikel hieß, »Aristokrat im Operationssaal« war, wurde am 30. Juni 1955 mit einer Feierstunde kurz vor seinem 73. Geburtstag in den Ruhestand verabschiedet. Seinen Lebensabend verbrachte er in seinem Haus an der Havel in Berlin-Kladow gegenüber der Insel Schwanenwerder: »Diesen Platz und diesen Ausblick liebte er; ich glaube keinmal bei ihm gewesen zu sein, ohne eine Bekundung der Freude an der Schönheit der Havellandschaft gehört zu haben.«[1] *MD*

Literatur:

1 Jung, E. Professor Dr. med. Erich Bracht. Nachruf, gehalten auf der Gedenksitzung für Erich Bracht in der Gesellschaft für Geburtshilfe und Gynäkologie in Berlin am 7. November 1969. Unveröff. Manuskript.

2 Bracht, E. Über Rechtslagerung der Aorta. Ein Beitrag zu den Missbildungen des Aortenbogens. Inauguraldissertation, Albert-Ludwigs-Univ. Freiburg i. Br., 1908.

3 Pritze, W., Ebert, A. Karl Franz, der ungekrönte König der Berliner Gynäkologie. In: Ebert, A., Weitzel, H. K. (Hrsg.) Die Berliner Gesellschaft für Geburtshilfe und Gynäkologie 1844–1994. W. de Gruyter Verlag, Berlin/New York, 1994.

4 Bracht, E. Steißlagenentwicklung. Reichsanstalt für Film und Bild in Wissenschaft und Unterricht. Archivfilm B 411/1940.

5 Sitzungsbericht der Gesellschaft für Geburtshülfe und Gynäkologie zu Berlin, Sitzung am 4. Oktober 1935. Vortrag des Herrn Bracht: Zur Manualhilfe bei Beckenendlage. Z Geburtsh Gynäkol 1936;112:271.

FRIEDHOF NIKOLASSEE (HEUTE KIRCHHOF NIKOLASSEE)

Friedrich Trendelenburg (1844–1924)

Friedhof Nikolassee (heute Kirchhof Nikolassee), Feld A

»Daß meine Jugend mit der Jugendzeit der modernen Chirurgie zusammenfiel und daß es mir vergönnt war, an ihrer Entwicklung tätigen Anteil zu nehmen, habe ich immer als ein besonderes Geschenk empfunden, dessen Wert dadurch erhöht wurde, daß ich auch die alten Chirurgen noch kennen lernte.«[1] Mit diesen bescheidenen Worten charakterisierte Friedrich Trendelenburg in seiner 1924 veröffentlichten Autobiographie »Aus heiteren Jungendtagen« die 45 Jahre seines chirurgischen Wirkens.

Friedrich Trendelenburg wurde am 24. Mai 1844 als viertes Kind (insgesamt hatte er sechs Schwestern) des Professors der Philosophie, Adolph Trendelenburg (1802–1872), in Berlin geboren. Er besuchte zunächst keine Schule, sondern erhielt von seiner Mutter Unterricht in Lesen, Schreiben und Geographie, während sein Vater ihm das Rechnen und Latein beibrachte.[2] Auf Anraten seines Vaters wartete er zunächst nach dem Abitur noch ein Jahr mit dem Beginn des Studiums und reiste 1862 zunächst zu befreundeten Familien nach Edinburgh und nach Glasgow, wo er als Hauslehrer tätig war und Vorlesungen über die Botanik und vergleichende Anatomie hörte. Hier reifte offenbar der Entschluss, Medizin zu studieren.

Von Herbst 1863 bis zum Ausbruch des Preußisch-Österreichischen Krieges studierte er in Berlin Medizin. Im Kriegsjahre 1866 wurde Trendelenburg promoviert und als Freiwilliger im Görlitzer Kriegslazarett als Unterarzt eingesetzt. Trendelenburg bestand 1867 das medizinische Staatsexamen.[1] 1868 begann seine bis 1874 andauernde chirurgische Ausbildungszeit als Assistent bei Bernhard von Langenbeck (1810–1887) an der chirurgischen Klinik der Charité. Langenbeck operierte alles selbst, nur in den Herbstferien kamen auch die Assistenten zum Zuge.[2] Mit Ausbruch des Deutsch-Französischen Krieges 1870 wurde Trendelenburg in einem Feldlazarett eingesetzt. Wegen einer Knöchelverletzung, die er sich bei einem Sturz vom Pferd zugezogen hatte, kehrte er für einige Wochen nach Berlin zurück. In dieser Zeit lernte Trendelenburg seine Frau Charlotte Fabricius, die Tochter eines Geheimen Finanzrates im Preußischen Finanzministerium, kennen.[2]

Nach der Wiederaufnahme seiner Kliniktätigkeit nach dem Friedenschluss 1871 bereitete er sich auf seine Habilitation vor. Im April 1872 gehörte er zu den Mitbegründern der Deutschen Gesellschaft für Chirurgie (DGCH) und wurde auf Bernhard von Langenbecks Vorschlag in den ersten Vorstand aufgenommen. 1898 war er Präsident der DGCH und 1912 wurde er zu deren Ehrenmitglied ernannt.

1874 erhielt Trendelenburg die Berufung zum ersten chirurgischen Direktor des neuerbauten Berliner Krankenhauses im Friedrichshain. Erst jetzt ermöglichte ihm sein Einkommen auch die Heirat mit Charlotte Fabricius. Sie bezogen eine große Dienstwohnung auf dem Klinikgelände. Das Krankenhaus war nach den damaligen Maßstäben eines der modernsten Berlins, hatte aber keinen Operationssaal für chirurgische Eingriffe, sodass sich Trendelenburg diesen nachträglich in einem kleinen Nebenraum einrichten musste.[2] 1875 folgte er einem Ruf auf den Lehrstuhl für Chirurgie nach Rostock als Nachfolger von Franz König (1832–1910). Die dortige chirurgische Klinik war mit 45 Betten relativ klein. Es waren daher nur wenige Studenten und Praktikanten zu unterrichten, sodass Trendelenburg in Rostock relativ viel Zeit für eigene Studien und erste wissenschaftliche Arbeiten hatte, darunter jene über die Beckenhochlagerung und zur Varizentherapie.

1882 folgte die nächste Berufung und die inzwischen achtköpfige Familie Trendelenburg zog nach Bonn, wo Friedrich Trendelenburg seine klinische Tätigkeit deutlich ausdehnte, die Zahl seiner Schüler wuchs und er wichtige Arbeiten verfasste, zum Beispiel über Blasenoperationen oder den umfangreichen Buchbeitrag über »Verletzungen und chirurgische Krankheiten des Gesichts« im Sammelwerk »Deutsche Chirurgie«.[3] Im Oktober 1895 ging Trendelenburg dann als Nachfolger von Carl Thiersch (1822–1895) nach Leipzig. Allerdings konnte er sich als gebürtiger Berliner in Leipzig nie so recht einleben. 1911 zog er sich vor allem aus gesundheitlichen Gründen in den Ruhestand zurück.[4] Am gleichen Tag, an dem Trendelenburg aus seinem Amt ausschied, wurde sein Sohn Wilhelm zum Ordinarius der Physiologie nach Innsbruck

berufen. Von seinen insgesamt sechs Söhnen und drei Töchtern übernahmen zwei Söhne medizinische Lehrstühle: der Physiologe Wilhelm Trendelenburg (1877–1946) in Innsbruck, Gießen, Tübingen und Berlin und der Pharmakologe Paul Trendelenburg (1884–1931) in Rostock, Freiburg im Breisgau und Berlin.[3]

Friedrich Trendelenburgs wissenschaftliche Arbeiten betreffen fast alle Gebiete der Chirurgie. Trendelenburg war bereits als junger Arzt ein physiologisch denkender Chirurg.[4] Das, was Trendelenburg zur Entwicklung der Chirurgie beitrug, zeichnet sich, wie Georg Clemens Perthes (1869–1927), einer seiner engsten Schüler, anmerkt, durch die Einfachheit der Gedanken aus.[1]

Unter den von Trendelenburg inaugurierten Operationen sind besonders die zur Heilung der puerperalen Pyämie und die operative Behandlung der Embolie der Lungenarterien hervorzuheben.[3] Zwei Eponyme sind mit seinem Namen verbunden: der Trendelenburg-Test, »der durch Beobachtung der Wiederauffüllung nach Blutleere der V. saphena magna die Klappenfunktion der V. saphena et parva sowie Vv. perforantes prüft«[5] und das Trendelenburg-Zeichen, »ein klinisches Phänomen bei statischer Insuffizienz der Glutealmuskulatur z. B. infolge von Hüftluxation«.[5] Schließlich verdankt die moderne Chirurgie Trendelenburg neben den oben genannten Zeichen und Operationsverfahren die Wiedereinführung der Beckenhochlagerung. Ihre Anwendung kann zwar bis ins Altertum zurückverfolgt werden, sie geriet aber im Laufe des 18. Jahrhunderts in Vergessenheit, gelangte erst wieder durch Trendelenburg in den allgemeinen chirurgischen Gebrauch und wird unter dem Begriff Trendelenburg-Lagerung auch in modernen Operationssälen weiter angewendet.[6]

Mit einer medizingeschichtlichen Doktorarbeit über die Chirurgie der Inder im 6. Jahrhundert (»De veterum Indorum chirurgia« 1866) begann Trendelenburg seine wissenschaftliche Laufbahn und mit seinem Werk »Die Geschichte der ersten 25 Jahre der Deutschen Gesellschaft für Chirurgie« schloss er sie 1923 ab.[2]

Der Geheime Medizinalrat Friedrich Trendelenburg starb am 15. Dezember 1924 im Alter von 80 Jahren in Nikolassee an den Folgen eines Unterkieferkarzinoms, »das durch Radium und Röntgenstrahlen nur vorübergehend hatte zurückgehalten werden können«.[1] Er wurde, neben einer Reihe von Familienangehörigen, auf einem Friedhof in Nikolassee begraben. Einer seiner Leipziger Nachfolger, der Chirurg Erwin Payr (1871–1946), charakterisierte in seinem Nachruf die Persönlichkeit Trendelenburgs so: »Die jüngere Generation beugt sich unwillkürlich vor solchen trotz genügender Anpassungsfähigkeit an die Forderungen der Zeit und des Fortschritts in ihrer tiefsten Wesensart konservativen Naturen aus dem Unterbewusstsein, dass die neuen Verhältnisse doch an und ihn uns viel mehr erzogen und gewandelt haben.«[4] *MD*

Literatur:

1 Perthes G. Friedrich Trendelenburg. Deutsche Medizinische Wochenschrift 1925;7:279–280.

2 Meyer, E. Friedrich Trendelenburg (1844–1924) und seine Verdienste um die Beckenhochlagerung. Inauguraldissertation. Med. Fakultät der Universität Basel, Basel, 1946.

3 Wilms, M. Friedrich Trendelenburg zum 70. Geburtstag. Deutsche Medizinische Wochenschrift 1914;21:1071–1072.

4 Payr, E. Zum Tode F. Trendelenburgs. Münchner Medizinische Wochenschrift 1925;14:568–569.

5 Leiber, B., Olbert, T. Klinische Eponyme. Medizinische Eigennamenbegriffe in Klinik und Praxis. Urban & Schwarzenberg, München/Berlin/Wien, 1968.

6 David, M., Ebert, A. D. »A little trick«. Anmerkungen zur Beckenhochlagerung nach Friedrich Trendelenburg (1844–1924) anlässlich seines 175. Geburtstages. Geburtsh Frauenheilk 2020;79:1246–1248.

STÄDTISCHER FRIEDHOF WANNSEE

Hermann von Helmholtz (1821–1894)

Städtischer Friedhof Wannsee, Alter Teil 52; ummauerte Grabstätten rechts der Kirche, Ehrengrab

»Dem jungen, noch nicht dreißigjährigen Gymnasiallehrer Ferdinand Helmholtz wurde, nachdem er ein Jahr verheirathet gewesen, von seiner Frau ein Sohn geschenkt, der einst der Familie und dem Vaterlande zum Stolz und Ruhm gereichen, der gesammten gesitteten Welt eine Leuchte der Wissenschaft sein sollte«, schrieb Leo Königsberger in seiner umfangreichen Biografie aus dem Jahre 1903.[1] Tatsächlich sprengt Helmholtz' Lebensleistung alle Maßstäbe. Er war zunächst praktisch tätiger Militärarzt und in der Folge Ordinarius für Physiologie und Physik.[3]

Hermann Ludwig Ferdinand Helmholtz stammte aus Potsdam, dem preußischen Arkadien, wo er am 31. August 1821 geboren wurde. Es war die Zeit »... noch glühend von Zorn, wenn vom ersten Napoleon, von Begeisterung und Stolz, wenn von den Thaten des Befreiungskrieges die Rede war«.[1] Die Mutter Caroline, geborene Penne, war die Tochter eines Hannoverschen Offiziers. Nach dem Abitur auf der Großen Stadtschule in Potsdam begann Helmholtz 1838 das Studium am Königlichen medizinisch-chirurgischen Friedrich-Wilhelms-Institut in Berlin – der Pépinière, womit die Verpflichtung für eine anschließende militärärztliche Tätigkeit verbunden war. Die Vorlesungen des Physiologen und Naturphilosophen Johannes Müller hinterließen einen tiefen Eindruck bei ihm, daneben las er Kant und Goethe. Aus dieser Zeit datiert seine lebenslange Freundschaft mit Ernst Wilhelm Brücke und Emil du Bois-Reymond, die später ebenfalls Ordinarien für Physiologie werden sollten. Ab 1842 komplettierte er seine klinische Ausbildung – Usus für die Eleven der Pépinière – an der Charité und wurde zum Dr. med. promoviert. 1843 veröffentlichte er seinen ersten wissenschaftlichen Artikel.

Fast atemlos muten seine nächsten Jahre an. Von 1843 bis 1848 diente er als Eskadron-Chirurg bei den Königl. Gardehusaren in Potsdam, konnte sich nebenbei aber auch wissenschaftlicher Tätigkeit widmen. Seine in dieser Zeit entstandene Arbeit »Ueber die Erhaltung der Kraft« (G. Reimer, Berlin 1847) ließ aufhorchen, das Echo reichte von begeisterter Aufnahme bis Ablehnung. Alexander von Humboldt wurde ein Förderer. Unter Befreiung von seinen militärmedizinischen Verpflichtungen erfolgte 1848 die Ernennung zum Lehrer an der Kunstakademie und zum Gehilfen der anatomisch-zootomischen Sammlung in Berlin. Ein Jahr danach wurde er zum Extraordinarius für Physiologie an die Albertina in Königsberg i. Pr. berufen, wo er »... einen Augenspiegel zur Untersuchung der Netzhaut im lebenden Auge« (A. Förster, Berlin 1851) konstruierte.[3] Der Augenspiegel, ohne den die Entwicklung der modernen Ophthalmologie durch Vater und Sohn Jäger von Jaxtthal und Albrecht von Graefe nur schwer vorstellbar ist, war sein Geniestreich – sein »Werther«, wie es uns Ärzten erscheinen will. Physiker dagegen werden anderen Entdeckungen und Reflexionen Helmholtz' wohl mehr Bedeutung beimessen.[2] Helmholtz selbst bemerkte später dazu: »Der Augenspiegel ist wohl die populärste meiner wissenschaftlichen Leistungen geworden, aber ich habe schon den Augenärzten berichtet, wie dabei das Glück eine unverhältnismässig grössere Rolle gespielt hat als mein Verdienst«.[1] 1849 vermählte er sich mit Olga von Velten, der Tochter eines Oberstabsarztes, in der alten Dorfkirche in Dahlem. Dem Paar wurden zwei Kinder geboren, darunter Richard, später Ingenieur und Konstrukteur von Dampflokomotiven.

1855 wurde Helmholtz als Professor der Anatomie und Physiologie nach Bonn berufen, wo er ebenfalls vor allem optische und akustische Fragestellungen bearbeitete bis hin zu physiologisch-physikalischen Grundlagen der Musik (Harmonie, Disharmonie).

Nach drei Jahren nahm er einen Ruf nach Heidelberg auf das dortige Ordinariat für Physiologie an. Aus dieser Zeit stammt seine Studie »Ueber musikalische Temperatur«. 1859 starb seine erste Frau. Nur kurze Zeit später heiratete er erneut: Anna von Mohl, die Tochter des Staatswissenschaftlers Robert von Mohl. Anna war eine gebildete, kultivierte Frau, sprach fließend Englisch und Französisch, übersetzte Bücher und führte später in Berlin einen Salon, der sich zu einem Treffpunkt der wissenschaftlichen und geistigen Elite Berlins entwickelte. Der Ehe entstammten drei Kinder. In seiner späten Heidelberger Zeit verlagerte sich der Forschungsschwerpunkt von Helmholtz immer mehr in Richtung

physikalische Fragestellungen. Und »so geschah das Unerhörte, dass ein Mediziner und Professor der Physiologie den vornehmsten physikalischen Lehrstuhl in Deutschland erhielt«, wie der damalige Rektor der Berliner Universität, Emil du Bois-Reymond, später sagen wird.[1] Die Berufungsverhandlungen 1870/1871 fielen in die Zeit des Krieges gegen Frankreich.

In Berlin avancierte Helmholtz endgültig zu einem der führenden Wissenschaftler des jungen Kaiserreiches. Die Berufung des Arztes und Physiologen auf ein physikalisches Ordinariat zeigt uns Heutigen auch, wie wenig das Klischee vom unbeweglichen, starren System eben jener Epoche gerade im Wissenschaftsbereich passen möchte. Helmholtz widmete sich Fragen der Hydro-, Elektro- und Thermodynamik, er untersuchte die galvanische Polarisation, Naturphänomene wie Wirbelstürme und Gewitter, widmete sich aber auch mathematisch-philosophischen Problemen. Die Helmholtz-Spule und der Helmholtz-Resonator sind noch heute präsent. Als 1888 die Physikalisch-Technische Reichsanstalt ihre Arbeit aufnimmt, wird Helmholtz der erste Präsident. Lebensfreundschaften verbanden ihn mit seinem englischen Kollegen William Thomson, mit den zu Beginn erwähnten Brücke und du Bois-Reymond und mit Werner von Siemens, dessen Sohn Arnold Wilhelm Helmholtz' Tochter Ellen heiratete; Franz von Lenbach, ebenfalls ein Freund der Familie, hat ihn wiederholt porträtiert. Helmholtz war Vizekanzler der Friedensklasse des Ordens Pour le Mérite und wurde 1883 nobilitiert. Heinrich Hertz gilt als sein wichtigster Schüler. Helmholtz vereinigte als Universalgelehrter noch das damalige Wissen in der Physiologie, Physik und einiger Bereiche der Chemie in einer Person. Er war insofern auch ein Brückenbauer zwischen den Fächern.[2] Sein Name lebt weiter in der Helmholtz-Gemeinschaft, ein Zusammenschluss von Forschungszentren verschiedener Disziplinen.

Hermann von Helmholtz starb am 8. September 1894 in Charlottenburg an den Folgen eines Schlaganfalls. Das mit einem Schinkeldach gekrönte Grabmal entwarf Adolf Hildebrand, der 1891 auch eine Büste von Helmholtz schuf; über dem zentrierten, umkränzten Namen steht ein gekürzter Vers aus dem Johannesevangelium: »... Der Geist der Wahrheit ... wird euch in alle Wahrheit leiten« (Joh. 16,13). *UAU*

Literatur:

1 Königsberger, L. Hermann von Helmholtz. (3 Bde.) Friedrich Vieweg und Sohn, Braunschweig, 1903.

2 Krüger, L. (Hrsg.) Universalgenie Helmholtz. Akademie Verlag, Berlin, 1994 (Reprint Walter de Gruyter, 2018).

3 Pagel, J. (Hrsg.) Biographisches Lexikon hervorragender Ärzte des neunzehnten Jahrhunderts. Urban & Schwarzenberg, Berlin/Wien, 1901.

Ferdinand Sauerbruch (1875–1951)

Städtischer Friedhof Wannsee, Alter Teil 58, Ehrengrab

Ferdinand Sauerbruch war vielleicht der bedeutendste deutsche Chirurg der ersten Hälfte des 20. Jahrhunderts. Den Zeitgenossen galt er als Könner, als ein Rauhbein mit entwaffnendem Charme, das angeblich alle – vom Kutscher bis zum König – duzte, vor allem aber als ein leidenschaftlicher, ja besessener Chirurg, der seiner Berufung alles andere unterordnete; kurz: als »... die Verkörperung eines chirurgischen Hexenmeisters schlechthin ...«.[3] Sauerbruchs mediale Präsenz war schon zu seinen Lebzeiten beispiellos und hält bis heute an.

Geboren 1875 in bescheidenen Verhältnissen in Barmen (heute Stadtteil von Wuppertal) übernimmt der Großvater – ein Schuhmacher – die Rolle des früh verstorbenen Vaters. Nach dem Abitur studiert Sauerbruch in Marburg, Leipzig und für zwei Semester in Jena. Auf das 1901 in Leipzig abgelegte Staatsexamen folgen Stationen im Diakonissenhaus in Kassel, am Städtischen Krankenhaus Erfurt und in der Pathologie des Moabiter Krankenhauses. Die entscheidende Weichenstellung wird für den jungen Arzt 1903 der Eintritt in die Chirurgische Universitätsklinik Breslau, die damals unter dem Billrothschüler Johannes von Mikulicz-Radecki zu den führenden im deutschsprachigen Raum zählt. Auf Anregung seines Lehrers entwickelt Sauerbruch hier die Technik zur Durchführung von Eingriffen im Brustkorb durch die Unterdruckkammer, aus der sich später das Druckdifferenzverfahren entwickeln wird. Dadurch macht sich der junge Arzt rasch einen Namen in der chirurgischen Welt. Bereits nach kurzer Zeit kann er sich als Privatdozent für Chirurgie in Breslau habilitieren.[1]

Nach dem frühen Tod seines Lehrers von Mikulicz verlässt Sauerbruch 1905 die Breslauer Klinik. Zwei Jahre verbringt er als Oberarzt bei Paul Leopold Friedrich in Greifswald. Als Friedrich 1907 einen Ruf nach Marburg annimmt, wird er von seinem Oberarzt begleitet. Sauerbruch wird Leiter der Poliklinik und erhält den Professorentitel. 1908 heiratet er seine erste Frau Ada. Der Ehe entstammen drei Söhne und eine Tochter.

Mit 35 Jahren wird der gleichermaßen begabte wie ungeduldige Chirurg auf den Zürcher Lehrstuhl berufen. Im Land der Lungensanatorien profitiert eine große Zahl an Tuberkulosekranken von seinen einmaligen thoraxchirurgischen Fähigkeiten. Im Ersten Weltkrieg wird Sauerbruch Leitender Chirurg der Kaiserlichen Armee in verschiedenen Lazaretten. 1918 erreicht ihn ein Ruf aus München. Er ist der letzte medizinische Ordinarius, der noch vom Bayerischen König zum »Geheimen Hofrat« ernannt wird. Revolution und Räterepublik spürt er sehr nahe: Sein Einsatz für den verwundeten Attentäter Graf Arco bringt ihn in Gefahr, vor dem Erschießungskommando rettet ihn ein dankbarer russischer Student aus Zürcher Tagen, dessen Mutter Sauerbruch unentgeltlich behandelt hatte.[5] In München entwickelt sich Sauerbruch zu einem Star, der spektakuläre Operationen durchführt und für den andere Gesetze zu gelten scheinen.

Als 1926/27 an der Berliner Charité die Nachfolge für Otto Hildebrandt ansteht, gilt es als sicher, dass Sauerbruch die Berufungsliste anführen würde. Letztlich aber war der II. Berliner Lehrstuhl – die Charité – eben auch nur die zweite Wahl, denn Sauerbruch strebt eigentlich die Nachfolge von August Bier im Klinikum in der Ziegelstraße an. Als die Wirkungsstätte von C. F. Graefe, Dieffenbach, Langenbeck, Bergmann und Bier 1932 schließt, beschäftigt die Behauptung, Sauerbruch habe dabei seine Hand im Spiel gehabt, die Öffentlichkeit.[3]

Die gut zwanzig Jahre, die Sauerbruch die Chirurgische Klinik der Charité leitet, markieren den Höhepunkt seiner Laufbahn. Seiner Schule entstammen exzellente Chirurgen. In diese Zeit fällt auch die Herrschaft des Nationalsozialismus. Mit dem moralisch aufgeladenen Gebaren Nachgeborener, in den Lebensläufen derer, die in jener Zeit Verantwortung trugen, nach schmachvollem Verhalten zu suchen, wurde auch Sauerbruchs Vita seziert. Seine kritische Haltung zu den Machthabern ist von vielen Seiten belegt: von seinem Schüler Rudolf Nissen, seinem Fakultätskollegen Walter Stoeckel (siehe das Porträt in diesem Buch), seinem Sohn Peter – Regimentskamerad von Stauffenberg aus Bamberger Tagen und als Generalstabsoffizier Teil des militärischen Widerstands[4] – und von vielen Kollegen, nicht zuletzt aus dem Ausland.[1] Gleichwohl war er durch seine Position unweigerlich mit dem System verwoben. Als behandelnder Arzt des Reichspräsidenten Paul von Hindenburg und auch von den braunen Mächtigen geschätz-

ter Chirurg genoss Sauerbruch, der im Krieg Generalarzt der Wehrmacht wurde, sicherlich eine gewisse Immunität und durfte sich zunächst sicher fühlen. Später sehen wir ihn in der Nähe einiger Männer des 20. Juli 1944: Ludwig Beck und auch Claus Schenk Graf von Stauffenberg waren seine Patienten. Walter Stoeckel[6], Rudolf Nissen[3], Adolphe Jung[2] und andere berichten über die Zivilcourage, mit der sich Sauerbruch, dabei sein Renommee und seine Beziehungen und Nähe zur Macht ausnutzend, für jüdische Kollegen und Patienten, für den verhafteten Dietrich Bonhoeffer, den Sohn seines emeritierten Amtsbruders in der Psychiatrie Karl Bonhoeffer, sowie dessen Schwiegersohn Hans von Dohnanyi einsetzte.[6] Als der Krieg 1945 Berlin erreicht, versucht Sauerbruch – unterstützt von seiner zweiten Frau und Kollegin Margot – im Bunker der Chirurgischen Klinik so viele Menschenleben zu retten, wie es die noch verfügbaren Mittel und seine Kräfte erlauben.

Seine letzten Lebensjahre wurden von einer rasch fortschreitenden Zerebralsklerose überschattet. Vor diesem Hintergrund sind seine Memoiren[5] – das schriftliche Ergebnis aufgezeichneter Gespräche des Erkrankten mit einem Journalisten und damals ein Verkaufsschlager – von seiner ersten Frau, seinen Schülern und dem Sohn seines Lehrers Mikulicz als wenig zuverlässig bewertet worden.[3]

Sauerbruch beherrschte noch die gesamte Chirurgie. Gilt er im Rückblick vor allem als Wegbereiter der Thoraxchirurgie, waren seine Beiträge für die Unfall- und rekonstruktive Chirurgie, wie die Unterschenkel-Umkippplastik und die willkürlich bewegliche Handprothese (»Sauerbruchhand«) zu seiner Zeit gleichfalls Meilensteine.

Ferdinand Sauerbuch starb einen Tag vor seinem 76. Geburtstag am 3. Juli 1951.

UAU

Literatur:
1 Hardinghaus, C. Ferdinand Sauerbruch und die Charité. Europaverlag, Berlin-München-Zürich-Wien, 2019.
2 Michl, S., Beddies, T., Bonah, C. (Hrsg.) Zwangsversetzt – Vom Elsass an die Berliner Charité: Die Aufzeichnungen des Chirurgen Adolphe Jung, 1940–1945. Schwabe Verlag, Basel-Berlin, 2019.
3 Nissen, R. Helle Blätter - dunkle Blätter. Erinnerungen eines Chirurgen. Ecomed, Landsberg, 2001 (© Deutsche Verlagsanstalt, Stuttgart, 1969).
4 Sauerbruch, P. Bericht eines ehemaligen Generalstabsoffiziers über seine Motive zur Beteiligung am militärischen Widerstand. In: Vogel, T. (Hrsg.) Aufstand des Gewissens. E. S. Mittler & Sohn, Hamburg-Berlin-Bonn, 2001.
5 Sauerbruch, F. Das war mein Leben. Bertelsmann, Gütersloh 1956 (© Kindler, München, 1952).
6 Stoeckel, W. Erinnerungen eines Frauenarztes, hrsg. von H. Borgelt. Kindler, München, 1966.

Paul Ferdinand Straßmann (1866–1938)

Städtischer Friedhof Wannsee, Feld 007-02

»Ihr Name wird in der Geschichte unseres Faches weitgehend mit den Bestrebungen fortleben, kongenital mißgestaltete Organe befruchtungsfähig zu formen ...«[1] – so schrieb anerkennend August Martin (1847–1933), 1926 Nestor der deutschen Gynäkologie, im Schlusswort der Festschrift zum 60. Geburtstag von Paul Straßmann (1866–1938). In den zwei Jahrzehnten zwischen den beiden Weltkriegen gehörte der in Berlin tätige Geheimrat Prof. Dr. med. Paul Straßmann zweifellos zur Elite der deutschen Frauenärzte von internationalem Rang. Er war besonders durch seine innovativen Operationsverfahren zur Beseitigung angeborener Fehlbildungen des Uterus, die sogenannte Straßmann-Operation, weit über Deutschlands Grenzen hinaus bekannt geworden.

Paul Ferdinand Straßmann wurde am 23. Oktober 1866 als Sohn des Geheimen Sanitätsrates Dr. Heinrich Straßmann und seiner Frau Louise, geb. Lewy, in Berlin geboren. Sein Onkel Wolfgang Straßmann war Stadtverordneter und Stadtverordnetenvorsteher – nach ihm ist die Straßmannstraße in Berlin-Friedrichshain benannt. Sein jüngster Bruder Ferdinand (1838–1931) war lange Zeit unbesoldeter Stadtrat im Berliner Magistrat und wurde 1928 zum Ehrenbürger der Stadt Berlin ernannt. Die Familie war jüdischen Glaubens.

Paul Straßmann studierte in Berlin und Heidelberg Medizin. Während des Studiums war er auch ein Vierteljahr »Hauspraktikant« in der Berliner Universitäts-Frauenklinik, wo er die Anregung für seine Dissertation »Zur Lehre von der mehrfachen Schwangerschaft« erhielt. Nach seiner Promotion war er von 1889 bis 1891 Assistent bei Hermann Löhlein (1847–1901) an der Grossherzoglichen Universitäts-Frauenklinik in Gießen, wo er auch seine spätere Frau Hedwig Rosenberg kennenlernte. Beide heirateten nach seiner längeren Studienreise durch England im April 1893. Zu diesem Zeitpunkt war Paul Straßmann bereits Assistent an der geburtshilflich-gynäkologischen Universitätspoliklinik der Charité unter Adolf Gusserow (1836–1906), bei dem er sich 1897 habilitierte. 1906 wurde Straßmann Titularprofessor. In diesem Jahr bewarb er sich vergeblich um die Chefarztstelle der Frauenklinik des neugegründeten Berliner Rudolf-Virchow-Krankenhauses. So entschloss er sich 1907, seine erste eigene Klinik in der Oranienburger Straße und eine Poliklinik in der Luisenstraße zu gründen. 1909 eröffnete er seine Privatklinik in der Schumannstraße 18, unweit der Berliner Charité. Er hatte sich dafür ein viergeschossiges Gebäude im Jugendstil errichten lassen. Die Klinik genoss bald einen sehr guten Ruf. Das 90-Betten-Haus diente neben der Behandlung auch dem Unterricht und der Forschung. Die Frauenklinik umfasste ein chemisches, ein bakteriologisches und ein pathologisches Labor, eine Röntgen- und eine Strahlen-Abteilung, eine Physiotherapie und eine poliklinische Abteilung sowie einen Kreissaal und einen Operationsaal.

Auf dem Hof der Klinik lebten in einem Käfig zwei Störche – zur Erklärung der »Herkunft« von Kindern für die Geschwister ...[3]

Innerhalb eines Vierteljahrhunderts bildete Straßmann in seiner Klinik auch 56 Assistenzärzte aus. In dieser Zeit absolvierten 2.183 Medizinstudenten Teile ihrer Ausbildung und 1.331 Ärzte postgraduale Kurse bei ihm: »Im Gästebuch der Klinik fand man die Eintragungen der berühmtesten Gynäkologen und Chirurgen der damaligen Welt, wie zum Beispiel der Brüder Mayo aus Rochester, USA, die alle in die Strassmannsche Klinik kamen, um die operativen Methoden des Chefs zu studieren und zu bewundern ...«.[3]

Unmittelbar nach dem ersten Weltkrieg, in dem er als leitender Chirurg in einem Reservelazarett auf dem Tempelhofer Feld tätig war, erhielt Paul Straßmann den Titel Geheimrat.

Im August 1921 wurde er außerordentlicher Professor und 1923 als erster nichtbeamteter außerordentlicher Professor in den Senat der Berliner Universität gewählt, dessen Mitglied er bis 1925 blieb.

1926, zu seinem 60. Geburtstag, widmete ihm die »Monatsschrift für Geburtshülfe und Gynäkologie« ein Sonderheft. Im Geleitwort heißt es dort: »Ihre Begeisterung für die Lehrtätigkeit übertrug sich auch auf Ihre Schüler und schlug das geistige Band zum Studenten; [...] Und noch eines ist es, was wir Ihnen zu verdanken haben: strengste Gewissenhaftigkeit, Selbstkritik und Pflichttreue im ärztlichen Handeln [...] Lernen können wir vor allem den unverwüstlichen Optimismus von Ihnen ...«.[4]

Unter den vielen wissenschaftlichen Arbeiten Straßmanns sind zwei Themenkomplexe besonders hervorzuheben: die bereits erwähnte

Straßmann-Operation beim Uterus duplex und das Straßmann-Phänomen bei der Beurteilung der Plazentalösung, das sog. Telegrafenzeichen.

Zu seinen Lebzeiten war Paul Straßmanns bekanntestes Buch für Ärzte die »Arznei- und Diätverordnungen für die gynäkologische Praxis«, das erstmals 1912 erschien und in den nächsten 20 Jahren sechs Neuauflagen erlebte. In diesem handlichen, wie ein Wörterbuch angelegten Werk schildert er aktuelle diagnostische und therapeutische Methoden im Hinblick auf Symptome und klinische Zeichen, generelle Prinzipien und Erfahrungen. Auf jeder Seite fand sich eine »goldene Regel« zur ethischen und psychologischen Seite der Medizin.

Besonders erwähnenswert ist Straßmanns Tätigkeit in der »Ärztlichen Gesellschaft für Sexualwissenschaft und Konstitutionsforschung«, die 1913 gegründet worden war. Die Aktivitäten der Gesellschaft konzentrierten sich in den zwanziger Jahren zunehmend auf die Erforschung der naturwissenschaftlich-biologischen Grundlagen menschlicher Sexualität, während sexualpsychologische und -ethnologische Fragen, insbesondere nach der Übernahme des Amts des Vorsitzenden durch Kliniker, in den Hintergrund traten. Auch Straßmann, der 1930 zum Vorsitzenden der Gesellschaft gewählt wurde, betrachtete in diesem naturwissenschaftlich-biologischen Sinne die Sexualwissenschaft als der Konstitutionsforschung untergeordnet.

Nach der Machtergreifung durch die Nationalsozialisten wurde zunehmend Druck auf Paul Straßmann (1875–1951) ausgeübt, seine Privatklinik zu verkaufen, was bei ihm als deutschnational eingestelltem Bürger zunächst auf Unverständnis stieß. Mit der Zunahme der antisemitischen Propaganda im nationalsozialistischen Deutschland gingen die Patientinnenzahlen zurück. Zunehmend wurden die Straßmanns auch gesellschaftlich gemieden. Ferdinand Sauerbruch bemühte sich bei den NS-Machthabern, den drohenden Zwangsverkauf der Klinik zu verhindern. Aber weder die Bekanntschaft von Straßmanns Tochter Antonie mit Emmy und Hermann Göring noch der überdurchschnittliche Patriotismus des Frauenarztes konnten letztlich etwas ausrichten. Im November 1936 wurde die Frauenklinik verstaatlicht. Sie ging in den Komplex der Charité über, wurde onkologische Klinik und Forschungsinstitut.

Ende Oktober 1935 wurde Prof. Straßmann vom Rektor der Friedrich-Wilhelms-Universität im Zusammenhang mit dem »Gesetz zur Wiedereinführung des Berufsbeamtentums« beurlaubt. Mit Ablauf des 31. Dezember 1935 wurde Paul Straßmann (wie auch seinem Sohn Erwin) die Lehrbefugnis an der Berliner Universität entzogen, zugleich verlor er die Dienstbezeichnung nichtbeamteter außerordentlicher Professor.

Schon im September 1935 hatte Paul Straßmann an die Mayo-Brüder in Rochester geschrieben und um eine Anstellung für seinen Sohn Erwin gebeten. Um die Zensur zu umgehen, wurde der Briefwechsel über seine Tochter Antonie Straßmann, die schon in New York lebte, abgewickelt. Erwin Straßmann erhielt schließlich eine offzielle Einladung der Mayo-Brüder, seine wissenschaftlichen Forschungen in Rochester fortzusetzen. Er trat diese Research Fellowship im Juni 1936 an und konnte seine Familie im August 1937 in die USA nachkommen lassen.[3]

Paul Ferdinand Straßmann starb am 15. August 1938 während eines Besuchs bei Verwandten nach zehntägigem Aufenthalt im Hotel Bellevue in Gstaad in der Schweiz. Sein Leichnam wurde nach Berlin überführt und auf dem Friedhof in Wannsee bestattet. Seit einigen Jahren ist die Grabstelle, auf der sich jetzt auch ein Kriegerdenkmal für Straßmanns gefallenen Sohn Hellmuth und ein Gedenkstein für Antonie Straßmann befinden, Ehrengrab des Landes Berlin. *MD*

Literatur:

1 Martin, A. Schlusswort. Festschrift zum 60. Geburtstag von Paul Strassmann. Monatsschr Geburtsh Gynäkol 1926;75:12.

2 Willam, K. Zum 100. Geburtstag von Geheimrat Prof. Paul Strassmann. Dtsch Med J 1961;18:244.

3 David, M. Paul Ferdinand Strassmann (1866–1938). In: David, M., Ebert, A. D. (Hrsg.) Berühmte Frauenärzte in Berlin. Mabuse, Frankfurt am Main, 2007, S. 101–112.

4 Meyer, P. Zum Geleit. Festschrift zum 60. Geburtstag von Paul Strassmann. Monatsschr Geburtsh Gynäkol 1926;75:12.

5 Strassmann, P. Neue Beobachtungen und Erweiterung der vereinigenden Operation bei Spaltuterus. Zentralbl Gynäkol 1926;50:1051–1058.

SÜDWESTKIRCHHOF DER BERLINER STADTSYNODE

Carl Ludwig Schleich (1859–1922)

Südwestkirchhof der Berliner Stadtsynode, Bl. Erlös., Gbl. I, Gst. 47/48, Ehrengrab

Carl Ludwig Schleich wurde am 19. Juli 1859 in Stettin als Sohn des in ganz Pommern verehrten Augenarztes Carl Schleich geboren. Wie jener später betonte, hatte der Vater den Lebensweg seines Sohnes stets begleitet und wohl auch in die Medizin gelenkt. C. L. Schleich selbst sah sich zeitlebens mit großer Selbstverständlichkeit ebenso als Schriftsteller und Musiker. Er spielte Cello, verstand etwas von Partituren, besaß einen schönen Tenor, komponierte und malte. Neben medizinischen Fachbeiträgen stammen auch philosophische und schöngeistige Bücher aus seiner Feder.[4] Es schien kaum etwas in Wissenschaft, Poesie, Musik und Philosophie zu geben, was ihn nicht interessiert hätte – und alles wollte er in einem umfassenden Sinn verbunden wissen. Die Medizin verdankt diesem Multitalent die lokale Infiltrationsanästhesie.[1]

Seine Kindheit wird bis zur Trennung der Eltern, die ihn ein Leben lang belasten wird, als unbeschwert geschildert. Wir erfahren in Schleichs Erinnerungen einiges über das alte Stettin und das pommersche Umland – vor allem über die Insel Wollin, von der die weitläufige Familie der Mutter stammte, und wo die zahlreichen Enkel die Sommerferien bei den Großeltern verbrachten. Nach dem Besuch des Klostergymnasiums in Stralsund begann Carl Ludwig das Studium der Medizin in Zürich, wo er sich allerdings zunächst vor allem als Sänger und Cellist betätigte. Mit Gottfried Keller hat er viele Abende verbracht und ihm einmal auch eigene Verse vorgelesen. Die Zerrissenheit zwischen Dichtung und Musik einerseits und dem dadurch vernachlässigten Medizinstudium andererseits, dazu nicht unerhebliche Schulden, die sich in Zürich angehäuft hatten, und ein daraus resultierendes schlechtes Gewissen stürzten »den notorischen Kollegienschwänzer« in eine Depression.[3] Für die Schulden kam der berühmte Zürcher Ophthalmologe Johann Friedrich Horner auf, ein Freund und Kollege des Vaters und Albrecht

v. Graefes; das versäumte Studium wurde zu Hause beim Vater und in Greifwald nachgeholt, wo Schleich dann auch das Physikum bestand.

1882 ging Schleich nach Berlin. Er entschied sich hier für einen damals – und heute noch – außergewöhnlichen klinischen Studienweg, indem er kaum Kurse und Vorlesungen im Hörsaal besuchte, sondern bei den Großen in Berlin famulierte: Bei Bernhard von Langenbeck, dessen Nachfolger Ernst von Bergmann und einige Jahre bei Rudolf Virchow, mit dem sein Vater seit den 1848er Unruhen gut bekannt war. In dieser Zeit – länger als die üblichen klinischen Semester gedauert hätten – war Schleich wieder »zwischen Wissenschaft und Künstlerbohème hin und hergependelt« und musste endlich »an die Gründung irgendeiner bürgerlichen Existenz« denken.[3] Der Vater (Schleich nannte ihn seinen »treuen Eckehard«) erschien in Berlin und ging mit dem Sohn den Stoff für das Staatsexamen durch. Virchow habe ihm in der Prüfung ein Kehlkopfschleimhautpräparat gezeigt und um Einschätzung gebeten. Schleich meinte, es handele sich um ein Karzinom, was Virchow in barschem Ton verneint habe. In seinen Erinnerungen schreibt Schleich, dass er »noch heute« glaube, dass es sich um das Bioptat des Kronprinzen Friedrich Wilhelm gehandelt habe (siehe hierzu das Porträt Ernst von Bergmanns).[3]

Gern wäre Schleich Assistent bei Virchow geworden. Da es jedoch keine Vakanz gab, ging er als Volontär in das Augusta-Hospital zu Hermann Senator, dann an die Chirurgische Klinik in Greifswald, wo er promoviert wurde, und schließlich an die Universitäts-Frauenklinik in Berlin unter Olshausen. Er kehrte dann nicht – wie ursprünglich geplant – zurück in die Pathologie, sondern machte sich 1889 in einer Privatklinik für Chirurgie und Frauenheilkunde am Belle-Alliance-Platz (heute: Mehringplatz) am Ende der Friedrichstraße selbständig und entfaltete dort, mittlerweile verheiratet, eine erfolgreiche chirurgische Tätigkeit. Hier entwickelte er das Verfahren der Infiltrationsanästhesie.[2] Nach guter theoretischer Fundierung und der »in Tausenden von Fällen systematisch ...« erprobten Anwendung seiner Methode stellte er sie 1892 auf dem Berliner Chirurgenkongress vor und erfuhr vor etwa 800 anwesenden Chirurgen, darunter viele Ordinarien aus dem deutschsprachigen Raum, eine kränkende Ablehnung.[3] Aber bereits ein Jahr später demonstrierte Schleich auf dem nächsten Chirurgenkongress in Bergmanns Klinik vor knapp 30 Ärzten eine proktologische Operation in

CARL LUDWIG SCHLEICH
GEB. 19. JULI 1859
GEST. 7. MÄRZ 1922
GRENZSTEIN
LEBENS, ABER
DER LIEBE
SCHLEICH
OELSCHLAEGER
26. NOV. 1862
SEPT. 1945

lokaler Infiltrationsanästhesie, womit er dann auch Ernst von Bergmann überzeugte. Schleich wurde gleichwohl nicht rehabilitiert und konnte zeitlebens nicht seinen Frieden mit der mangelnden Anerkennung durch die medizinische Fachwelt machen. Auch nach seinem Tode blieb ihm ein diesbezüglicher Nachruhm verwehrt. In seinen letzten Lebensjahren und eine gewisse Zeit danach waren Schleichs Lebenserinnerungen dagegen außergewöhnlich populär: Die »Besonnte Vergangenheit« stand in vielen Bücherregalen des deutschen Bildungsbürgertums und zählte zu den auflagenstärksten Memoiren in der ersten Hälfte des 20. Jahrhunderts – vielleicht auch deshalb, weil sie schon damals einen wehmütigen Rückblick auf das zurückliegende 19. Jahrhundert boten.[3]

Schleich blieb weiter in seiner Privatklinik und übernahm zusätzlich im Jahre 1900 die Leitung der Chirurgischen Abteilung des Krankenhauses Groß-Lichterfelde bei Berlin. Daneben blieb er sich als Schriftsteller treu und pflegte enge Freundschaften zu Dichtern und Künstlern: zu August Strindberg, Richard Dehmel, Reinhold Begas (von ihm stammt unter anderem der »Neptunbrunnen«, der vor dem Stadtschloss stand, um nach dem Krieg auf den Alexanderplatz umgesetzt zu werden) und Stanislaus Przybyszewski, dem »hinreißend Chopin spielenden Dichter«.[3] Man traf sich abends im »Schwarzen Ferkel«, jenem legendären Weinlokal Unter den Linden/Ecke Neue Wilhelmstraße, das um die Jahrhundertwende ein Treffpunkt der skandinavisch-deutsch-polnischen Boheme war – und nun längst der Vergangenheit angehört.

Carl Ludwig Schleich starb am 7. März 1922 in Bad Saarow. Sein Grabmal stammt von Werner Begas, dem Sohn des Bildhauers Reinhold Begas.

UAU

Literatur:

1 Killian, H. Meister der Chirurgie und die Chirurgenschulen im gesamten deutschen Sprachraum. Thieme, Stuttgart, 1980.

2 Schleich, C. L. Schmerzlose Operationen. Oertliche Betäubung mit indifferenten Flüssigkeiten. Psychophysik des natürlichen und künstlichen Schlafes. 2. Aufl., J. Springer, Berlin, 1897.

3 Schleich, C. L. Besonnte Vergangenheit. E. Rowohlt, Berlin, 1922.

4 Schleich, C. L. Es läuten die Glocken. Deutsche Buchgemeinschaft, Berlin, 1929.

Ernst von Bergmann (1836–1907)

Alter Friedhof Potsdam, Neue Linie (NL) XII, Nr. 47

Ernst Gustav Benjamin von Bergmann schaut nicht nur aus einer vergangenen Zeit, sondern viel mehr noch aus einer untergegangenen Welt auf uns. Er wurde am 4. beziehungsweise 16. Dezember – je nach julianischem oder gregorianischem Kalender – 1836 in der Hansestadt Riga in eine baltendeutsche Pastorenfamilie geboren. Zwar gehörte das Baltikum damals zum Russischen Reich, doch hatten Deutsche das Land seit der Ordenszeit geprägt und auch unter den seit 1721 in der russischen Ostseeprovinz herrschenden Zaren Wirtschaft, Verwaltung und nicht zuletzt das geistige und wissenschaftliche Leben bestimmt.

Die Bergmanns – 1787 durch Kaiser Leopold II. geadelt – waren schon seit Generationen im livländischen Städtchen Rujen (heute: Rūjiena, Lettland) als Pastoren tätig. Dort verbrachte Ernst seine Kindheit bis zum Eintritt in die Lehranstalt in Birkenruh bei Wenden (heute: Cēsis, Lettland) im Jahre 1851. Die Wahl für seinen weiteren Weg fiel auf die nahe Universität Dorpat (heute: Tartu, Estland). Hier wurden für Bergmann sein späterer Schwiegervater Georg Franz Blasius Adelmann und mehr noch Georg von Oettingen wichtige akademische Lehrer. 1860 erfolgte die Promotion zum Doktor der Medizin. Anschließend trat Bergmann als Assistent in die Chirurgische Klinik ein. Bereits 1863 konnte er sich mit der Schrift »Zur Lehre von der Fettembolie« habilitieren. Er verlobte sich mit Adelmanns Tochter Hildegard.[1]

Eine »akademische Kavalierstour« führte ihn fast ein Jahr lang zunächst über Königsberg und Breslau nach Wien, wo er nicht nur die Kliniker von Dumreicher, von Pitha, den Pathologen von Rokitansky und den Dermatologen Hebra kennenlernte, sondern auch vom kulturellen Reichtum der Kaiserstadt fasziniert war. Weitere Stationen waren München, Stuttgart, Heidelberg, Hannover, Bonn, Leipzig und zuletzt Berlin. In der preußischen Hauptstadt war er beeindruckt vom Genie Albrecht von Graefes – und weniger angetan vom Königlich-Chirurgischen Klinikum in der Ziegelstraße. Obwohl er dort Langenbecks brillante Operationstechnik bewunderte, enttäuschte ihn der Umgang mit den Patienten. Die so »kalte und vernünftige« Stadt Berlin vermochte ihn damals nicht zu fesseln; oft hatte er Heimweh nach Livland.[1]

Nach Dorpat zurückgekehrt, heiratete er im Frühjahr 1866 Hildegard Adelmann, um sich nach nur kurzer Zeit als Militärarzt zu den Lazaretten nach der Schlacht bei Königgrätz zu begeben. Kriegschirurgische Erfahrungen bedeuteten zu dieser Zeit fast eine Voraussetzung für einen Operateur, um auch akademisch an den bedeutenden Fakultäten reüssieren zu können. Seine Erlebnisse dort hat er in ausführlichen Berichten dargestellt. 1867 wurde Bergmann Vater einer Tochter, im Jahr darauf erlag seine Frau im Alter von 21 Jahren einer Endokarditis, 1871 folgte ihr die Tochter nach.[1]

Im Krieg gegen Frankreich 1870/71 bewährte er sich erneut als geschickter Feldchirurg. In dieser Zeit lernte er Pauline von Porbeck kennen, die als Krankenpflegerin und Oberin in einem der Lazarette arbeitete und 1871 seine zweite Frau wurde. Kurze Zeit danach nahm er in Dorpat eine Hausberufung als Nachfolger Adelmanns an. 1877 machte er als Chirurg seinen dritten Feldzug im russisch-türkischen Krieg mit.

1878 folgte von Bergmann einem Ruf auf die Würzburger Lehrkanzel. In Franken blieb er allerdings nur vier Jahre, da in Berlin eine neue Herausforderung auf ihn wartete. Es galt zunächst als ausgemacht, dass die Fakultät für die Nachfolge Langenbecks »einzig und allein« bei Theodor Billroth anfragen würde, der in Wien im Zenit seines Schaffens stand.[1] Billroth war aus der Donaumetropole aber nicht wegzulocken. Bergmann erhielt den Ruf und prägte von 1882 bis 1907 gemeinsam mit den anderen Fakultätskollegen von Virchow über Frerichs, du Bois-Reymond bis zu Koch die Medizin seiner Epoche. Die Liste der Schüler ist lang: Kurt Schimmelbusch, Dietrich Nasse, Friedrich Gustav von Bramann, Moritz Borchardt, Hans Schlange, Erich Lexer und als Famulus Carl Ludwig Schleich.[3]

In den Jahren 1887/88 war Bergmann in die Behandlung des an Kehlkopfkrebs erkrankten Kronprinzen Friedrich Wilhelm und späteren Kaisers Friedrich III. eingebunden, wenngleich der englische Laryngologe Morell Mackenzie wohl das größere Vertrauen des Kronprinzenpaars genoss. Bergmann hatte im Gegensatz zu Mackenzie von Anfang an

Ich will dich segnen
und Du sollst ein
Segen sein.
Ernst von Bergmann
nat. Riga 16. Dec. 1836,
mort. Wiesbaden 25. März 1907.
Pauline von Bergmann
geb. von Porbeck,
nat. 3. Aug. 1842,
mort. 15. Mai 1917.

die – wie sich später herausstellte – richtige Diagnose eines Larynxkarzinoms favorisiert. Die Krankengeschichte des hohen Patienten und die begleitende fachliche Fehde der betreuenden Ärzte fand ein politisch äußerst aufgeladenes Echo in den Gazetten der Zeit; jeder durfte sich als Experte auf dem Gebiet der Laryngologie bis zu Detailfragen – wie der Wahl der richtigen Trachealkanüle – fühlen und für die eine oder andere Seite Partei ergreifen. Bergmann selbst hatte sich in diesem Konflikt als der Vornehmere erwiesen. Seinem Assistenten Fritz Bramann fiel in San Remo die Aufgabe zu, in Vertretung seines Chefs die lebensrettende Notfalltracheotomie beim Kronprinzen durchzuführen.

Ernst von Bergmann hat Erkenntnisse aus den Grundlagendisziplinen Physiologie, Mikrobiologie und Pathologie konsequent in die Chirurgie integriert. Im Zentrum seines wissenschaftlichen Interesses standen Wundinfektionen und deren Versorgung, die Anti- und Asepsis, kriegschirurgische Probleme und die Behandlung von Kopf- und Hirnverletzungen. Seine »Lehre von den Kopfverletzungen« (Ferdinand Enke, 1880) wurde rasch ein Standardwerk. Er operierte schnell und sicher. In der perfekt organisierten Klinik wurde das chirurgische Wissen der Zeit gebündelt, gleichwohl hatte alles zum Wohle des Patienten zu geschehen, die Indikation war imperativ. Seine Mitarbeiter konnten sich wissenschaftlich selbständig bewegen, Arbeitsethos und Anforderungen im Haus waren hoch. Schleich rühmte wie alle Zeitgenossen die unvergleichliche Sprachgewalt Bergmanns; die Vorlesungen, in denen er das baltendeutsche Idiom nicht verleugnete, waren legendär.[3] Theodor Brugsch schrieb in seinen Memoiren: »Bei einem Chirurgen erwartet man im allgemeinen eine [...] Persönlichkeit, die man sich fast mit den Eigenschaften eines Feldherrn ausgestattet denkt: momentane Entscheidungskraft, Sicherheit der Hand und Verantwortlichkeit. Es hat um 1900 wohl keinen Universitätslehrer der Medizin gegeben, der nach dem Urteil der Studenten und dem aller Ärzte diese Eigenschaften in so hohem Grade besaß wie der Chirurg aus der Ziegelstraße in Berlin, Ernst von Bergmann«.[2]

Privat war Bergmann eher genügsam. Zwar war er stolz auf Orden und Anerkennung und trug gern Uniform, aber abgesehen von seiner schönen Villa in Potsdam, die eine Zeitlang der Mittelpunkt der Familie war, umgab ihn wenig Luxus. Der Garten und die deutsche Literatur von Goethe bis Wildenbruch dienten ihm als Ausgleich für die vollen Arbeitstage. Mit seiner Frau Pauline hatte er zwei Töchter und einen Sohn, Gustav, der später Ordinarius für Innere Medizin in Marburg, Frankfurt, Berlin und München werden sollte. Ernst von Bergmanns Reputation war außergewöhnlich; Arm und Reich, gekrönte Häupter und Industriemagnaten, noch viele russische Patienten in seiner Berliner Zeit – alle vertrauten sich ihm an.

Ernst von Bergmann starb am 25. März 1907 in Wiesbaden, wo er Erholung durch eine Bäderkur gesucht hatte. Der Tote wurde in der Nacht vom 28. auf den 29. März nach Berlin überführt und »auf dem mit Fackeln hell erleuchteten Hof der Klinik [...] empfangen [...] Am Karfreitage, dem 29. März, fand im großen Hörsaal des Langenbeck-Hauses eine imposante und ergreifende Trauerfeier statt. Wenige Stunden später wurde der Tote an seiner letzten Ruhestätte, auf dem Alten Kirchhof in Potsdam, in die Erde gesenkt. Es war der erste schöne Frühlingsabend des Jahres, am blauen Himmel zeigte der Mond sein fahles Licht, die Vögel sangen ihr Abendlied.«[1] Auf dem Grabkreuz steht: »Ich will dich segnen und Du sollst ein Segen sein« (1. Mose 12, 1–2). *UAU*

Literatur:
1 Buchholtz, A. Ernst von Bergmann. F. C. W. Vogel, Leipzig, 1911.
2 Brugsch, Th. Arzt seit fünf Jahrzehnten. 10. Aufl., Rütten & Loening, Berlin, 1978.
3 Schleich, C. L. Besonnte Vergangenheit. Ernst Rowohlt, Berlin, 1922.

AUSGANG

Immer enger, leise, leise
Ziehen sich die Lebenskreise,
Schwindet hin, was prahlt und prunkt,
Schwindet Hoffen, Hassen, Lieben,
Und ist nichts in Sicht geblieben
Als der letzte dunkle Punkt.

Theodor Fontane
Gedichte, 5. Aufl.
Wilhelm Hertz, Berlin 1898

NACHWORT

Die beeindruckende Zahl an Friedhöfen und Begräbnisstätten in Berlin findet ihr Pendant in einer umfangreichen Literatur dazu. Manche Friedhofsführer widmen sich dabei der ganzen Stadt unter Einschluss der Umgebung, andere einem einzelnen Friedhof und wieder andere einem besonderen Personenkreis. Ein Buch über die letzten Ruhestätten berühmter Ärzte Berlins gab es unseres Wissens bisher nicht. Die Idee dazu wurde schon vor längerer Zeit geboren: Erste eigene Aufnahmen von einzelnen Grabstätten liegen über 25 Jahre zurück, was uns Vergleiche über diesen Zeitraum ermöglichte. Seitdem wurde für einige Ruhestätten der Status als Ehrengrab des Landes Berlin, zum Beispiel bei Carl Ferdinand von Graefe und Wilhelm Fließ, nach Ablauf der Frist nicht wieder erneuert. Der Zustand mancher Gräber – nicht nur berühmter Ärzte – ist beklagenswert.[3] Mit ihrem Verfall verschwindet immer auch ein kleines Stück Kulturgeschichte der Stadt.

Für unser Projekt erwiesen sich das »Lexikon Berliner Begräbnisstätten« von Hans-Jürgen Mende[4] und die beiden Auflagen des Berliner Friedhofsführers »Wo sie ruhen ...« (Helmut Ernst und Heinrich Stümbke 1986[1], Christian Simon 2009[5]) als unentbehrlich. Hinweise auf Künstler, die einige besondere Grabmale gestaltet haben, fanden wir zusätzlich bei Klaus Hammer[2] und beim Landesdenkmalamt Berlin[3]. Vollständigkeit bei den hier vorgelegten Kurzbiographien in dem Sinne, keine wichtige Persönlichkeit auszulassen, konnte zum einen nicht erreicht werden, weil ein Grab, das heute noch besucht werden kann, Voraussetzung war: Manches Grab haben wir gesucht und nicht gefunden, obwohl der Betreffende in das Buch aufgenommen werden sollte. Zum anderen galt es aber auch, den Umfang des Buches zu begrenzen. Insofern musste die Darstellung der jeweiligen Persönlichkeit in den Kurzporträts skizzenhaft bleiben. Wir wollten an berühmte Berliner Ärzte erinnern und dazu anregen, ihre Gräber zu besuchen und das Gelesene vielleicht zu vertiefen, weshalb sich am Ende jedes Kapitels die von uns benutzte Literatur findet, auf die im Text mit hochgestellten Ziffern, wie in der Medizin üblich, verwiesen wird. Es mögen sich Fehler oder Ungenauigkeiten eingeschlichen haben; Hinweise aus der Leserschaft werden dankbar entgegengenommen. Der Mode, über Menschen, deren Tätigkeit in die Zeit einer der deutschen Diktaturen fällt, ein wohlfeiles Gesamturteil hinsichtlich ihrer Moral zu sprechen, mochten wir uns nicht anschließen.

Unser Dank gilt der Arbeitsgemeinschaft Gynäkologische Endoskopie der Deutschen Gesellschaft für Gynäkologie und Geburtshilfe, deren großzügige finanzielle Unterstützung diese Buchpublikation ermöglicht hat.

U. A. Ulrich
M. David
A. D. Ebert

Literatur:

1 Ernst, H., Stümbke, H. Wo sie ruhen. Kleiner Führer zu den Grabstätten bekannter Berliner in Ost und West. Stapp Verlag, Berlin, 1986.
2 Hammer, K. Friedhöfe in Berlin. Ein kunst- und kulturgeschichtlicher Führer. Jaron Verlag, Berlin, 2006.
3 Landesdenkmalamt Berlin (Hrsg.) Unter jedem Grabstein eine Weltgeschichte. Berliner Grabmale retten. Finckenstein & Sallmuth, Berlin, 2010.
4 Mende, H.-J. Lexikon Berliner Begräbnisstätten: Ein sozial- und kunsthistorischer Wegweiser zu allen Berliner Kirch- und Friedhöfen und Grabstätten bekannter Persönlichkeiten. Pharus-Plan, Berlin, 2018.
5 Simon, C. Wo sie ruhen. Führer zu den Gräbern bedeutender Persönlichkeiten in Berlin und Umgebung. 2. Aufl., Stapp Verlag, Berlin, 2009.

ÜBERSICHTSKARTE

VERZEICHNIS DER FRIEDHOFSADRESSEN

BERLIN

KREUZBERG

1 Kirchhof I der Jerusalems-Gemeinde und der Neuen Kirchen-Gemeinde, Baruther Straße/Zossener Straße, 10961 Berlin

2 Kirchhof II der Jerusalems-Gemeinde und der Neuen Kirchen-Gemeinde, Baruther Straße/Zossener Straße, 10961 Berlin

3 Friedhof I der Dreitaltigkeitsgemeinde, Mehringdamm 21, 10961 Berlin

4 Kirchhof II der Friedrichswerderschen Gemeinde, Bergmannstraße 42–44, 10961 Berlin

SCHÖNEBERG

5 Alter Kirchhof der St. Matthäus-Gemeinde, Großgörschenstraße 1214, 10829 Berlin

GRUNEWALD

6 Friedhof Grunewald, Bornstedter Straße 11, 10711 Berlin

WESTEND

7 Landeseigener Friedhof Heerstraße, Trakehner Allee 1, 14053 Berlin

8 Kirchhof der Kaiser-Wilhelm-Gedächtnis-Gemeinde, Fürstenbrunner Weg 69–79, 14059 Berlin

WEDDING

9 Robert-Koch-Institut, Nordufer 20, 13353 Berlin

10 Urnenfriedhof Gerichtstraße, Gerichtstraße 37–38, 13347 Berlin

11 Kirchhof II der Dorotheenstädtischen Gemeinde, Liesenstraße 9, 13355 Berlin

MITTE

12 Invalidenfriedhof, Scharnhorststraße 32–33, 10115 Berlin

13 Kirchhof der Dorotheenstädtischen und der Friedrichswerderschen Gemeinde, Chausseestraße 126, 10115 Berlin

14 Friedhof I der französisch-reformierten Gemeinden, Chausseestraße 127, 10115 Berlin

15 Garnisonfriedhof, Kleine Rosenthaler Straße 3–7, 10119 Berlin

PRENZLAUER BERG

16 Friedhof der Jüdischen Gemeinde, Schönhauser Allee 23–25, 10435 Berlin

WEISSENSEE

17 Friedhof der Jüdischen Gemeinde, Herbert-Baum-Straße 45, 13086 Berlin

18 Ehemaliger Kirchhof und Dorfkirche Weißensee (heute Evangelische Pfarrkirche Weißensee), Berliner Allee 184, 13088 Berlin

BAUMSCHULENWEG

19 Friedhof Baumschulenweg, Kiefholzstraße 221, 12437 Berlin

DAHLEM

20 Friedhof Dahlem, Königin-Luise-Straße 57, 14195 Berlin

21 Städtischer Waldfriedhof Dahlem, Hüttenweg 47, 14195 Berlin

NIKOLASSEE

22 Waldfriedhof Zehlendorf, Wasgensteig 30, 14129 Berlin

23 Friedhof Nikolassee (heute Kirchhof Nikolassee), Pfeddersheimer Weg 69, 14129 Berlin

WANNSEE

24 Städtischer Friedhof Wannsee, Lindenstraße 1–2, 14109 Berlin

STAHNSDORF

STAHNSDORF

25 Südwestkirchhof der Berliner Stadtsynode, Bahnhofsstraße 2, 14532 Stahnsdorf

POTSDAM

TELTOWER VORSTADT

26 Alter Friedhof Potsdam, Heinrich-Mann-Allee 106, 14473 Potsdam

PERSONENREGISTER

BILDNACHWEIS

Beiträge zur Geburtshülfe und Gynäkologie, Bd. 1, H. 3, 1872: S. 67
bpk: S. 87 (Hildegard Dreyer), 111 (Gerhard Kiesling), 139 (J.C. Schaarwächter), 167 (J.C. Schaarwächter), 179 (Georg Ebert), 203
Bundesarchiv: S. 195 (Bild 183-S75122, Heinscher)
David, Matthias: S. 77, 81, 89, 93, 109, 129, 141, 157, 161, 165, 169, 173, 177, 181, 185, 189
Ebert, Andreas D.: S. 37, 45, 49, 53, 57, 61, 69, 73, 97, 101, 105, 125, 133, 137, 145, 149, 153
Galerie hervorragender Ärzte und Naturforscher (Beilage zur Münchener medicinischen Wochenschrift, J. F. Lehmann, München): S. 43, 51, 63, 71 (Blatt 116, 1905), 103 (Blatt 220, 1908), 123, 147 (Blatt 159, 1904), 191, 207
ullstein bild: S. 155 (The Estate of Emil Bieber / Klau), 171
Ulrich, Uwe Andreas: S. 13, 17, 21, 25, 29, 33, 41, 65, 85, 113, 117, 121, 193, 197, 201, 205, 209
Verlagsarchiv: S. 27, 75, 79, 91, 107, 127, 187
Wellcome Collection: S. 15, 47, 131, 151, 159, 163
Wikimedia Commons: S. 11, 19, 23, 31, 35, 39, 55, 59, 83, 95, 99, 115, 119, 135, 143, 175, 183, 199

DIE AUTOREN

Matthias David, seit 1991 an der Klinik für Gynäkologie der Charité, Campus Virchow-Klinikum. 1999 Facharzt für Gynäkologie und Geburtshilfe, seitdem Oberarzt. 2001 Habilitation. 2010 apl. Professor.

Andreas D. Ebert, seit 1997 Facharzt für Gynäkologie und Geburtshilfe, dann DFG-Stipendiat am National Cancer Institute (USA). 2000 Habilitation. 2005 apl. Professor der Charité. 2005–2013 Chefarzt der Frauenklinik im Humboldt-Klinikum. 2014 Praxisgründung. 2016 Bundesverdienstkreuz.

Uwe Andreas Ulrich, 1994 Facharzt für Gynäkologie und Geburtshilfe am Universitätsklinikum Ulm, anschließend Fellow an der University of Washington, Seattle (USA). 1998 Habilitation. 2004 apl. Professor. Seit 2006 Chefarzt der Frauenklinik am Martin-Luther-Krankenhaus Berlin.